分（東京）の星空

| 5・6等 | ◆ 太陽 | ● 木星 | ▫ 冥王星 | ● ベスタ |
|---|---|---|---|---|
| | ◆ 水星 | ● 土星 | ▫ セレス | ● 月 |
| | ● 金星 | ▫ 天王星 | ▫ パラス | ● ニート彗星 |
| | ● 火星 | ▫ 海王星 | ▫ ジュノ | ● リニアー彗星 |

とリニアー彗星が、星座間を動く経路を表示した。彗星の尾も伸びている。

天文シミュレーションソフト
## つるちゃんのプラネタリウム
プログラム作りからホームページ公開まで
The Story of Turuchan's Planetarium Software

The Story of Turuchan's Planetarium Software

天文シミュレーションソフト
# つるちゃんの
# プラネタリウム

鶴浜義治
（つるちゃん）

★プログラム作りからホームページ公開まで★

地人書館

Windows、Visual Basic、Visual J++ は米国 Microsoft Corporation の米国およびその他の国における登録商標または商標です。Microsoft Corporation のガイドラインに従って画面写真を使用しています。

ホームページ・ビルダーは、IBM Corporation の商標です。

その他、本書中に記載された会社名、製品名などは、各社の商標および登録商標です。本文中では®および™マークは表示しておりません。

# 目次

◆きっかけ
   01 それはすべての始まりだった ―パソコン購入― 10
     （1999年10月下旬）
   02 インターネットでお遊び 12
     （1999年11月～12月上旬）

◆Visual Basic によるプログラム作り
   03 さあチャレンジ 16
     （1999年12月中旬）
   04 早くも断念？ 21
     （1999年12月下旬）
   05 壁、壁、そして壁 28
     （2000年1月上旬）
   06 ついに星が出た！ 31
     （2000年1月中旬）
   07 機能アップに挑戦 36
     （2000年1月下旬～2月上旬）
   08 全球プラネタリウムだけじゃつまらないっ 42
     （2000年2月中旬～3月下旬）
   09 そして再度の機能アップ 48
     （2000年4月～7月）
   10 大トラブル発生！ まる1週間悩む 54
     （2000年7月）

11　モード作りで四苦八苦　57
（2000年8月〜9月）

12　操作事例集作りでの奮闘　62
（2000年9月）

13　とうとう完成!!　65
（2000年10月）

◆Javaアプレットによるプログラム作り ………………………………

14　インターネット公開の夢、しかしやる気が……　72
（2000年11月）

15　Javaアプレットに挑戦　75
（2000年12月上旬）

16　壁、壁、そして壁　—Part2—　79
（2000年12月中旬）

17　克服、そして万能プラネタリウム完成　81
（2000年12月下旬）

18　プラネタリウムどころじゃない、自宅が全焼！　84
（2001年1月7日）

19　つるちゃん復活　87
（2001年1月〜3月）

20　ほぼ完成、そして次なる構想　90
（2001年4月）

◆ホームページ作成ソフトによるホームページ作り ………………

21　いよいよホームページ作成　96
（2001年5月）

22　ホームページ作成ソフトは……　101
（2001年5月下旬）

23　ホームページよ、お前もか！　—苦痛の日々—　105
（2001年6月）

**24** さらに苦痛な日々 109
（2001年8月上旬）
**25** トップページの作成 115
（2001年8月中旬～下旬）
**26** 最終調整 119
（2001年9月上旬）
**27** ついにホームページ公開 123
（2001年9月8日）

◆つるちゃんに関して
**99** つるちゃんと天文 126

◆付録
1. ホームページ「つるちゃんのプラネタリウム」表示方法 130
2. 「つるちゃんのプラネタリウム for Windows フリー版」の導入 131
3. 「つるちゃんのプラネタリウム for Java アプレット」の使い方 133

◆あとがき 137
◆索引 139

本書に掲載されている「つるちゃんのプラネタリウム for Windows」の画面は、バージョン1.2.0からのスクリーンショットであるが、本書初版刊行と同時期に公開されたバージョン2.0.0からは、機能の選択方法に、これまでのメニューバー方式に加えて、一部でツールバー方式が採用され、新図法も加わって、より使いやすく見やすい画面構成になっている。

## つるちゃんのプラネタリウム

## きっかけ

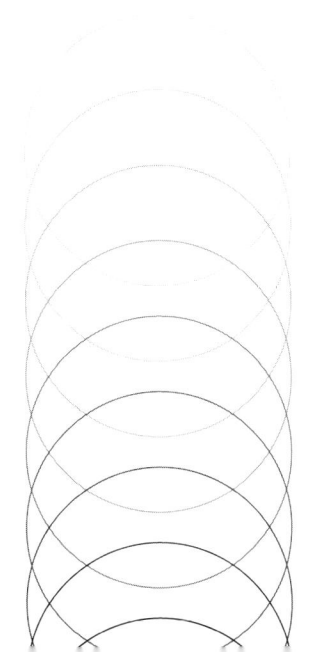

## 01 それはすべての始まりだった －パソコン購入－

**1999年10月下旬**

　世間では、パソコンやインターネットや電子メールといった言葉がはやっている。しかし、つるちゃんの場合、会社にパソコンはあるものの、ワープロソフトを使うだけの毎日。プライベートでもパソコンは持っていなかったので、これらの言葉とは無縁の存在だ。学生時代にコンピュータ関係をやっていた自分にとっては、くやしくてしょうがない。

　「コンピュータ関係をやっていた」といっても、今とは状況がずいぶんと違っていて、呼び方が「マイコン」から「パソコン」へと変わりはじめたころのことだ。電気屋さんへ行っても、テレビやオーディオがズラリな状態だった。お店の人に「あのう、パソコン置いてますか」って尋ねると、「あっちですよ」と、お店の奥の隅の方を指さされるような始末。パソコンの電源を入れて立ち上げてみると、味も素っ気もない真っ黒な画面がドーンと出てきて、左上の隅で四角いカーソルがチカチカと点滅しているだけ。普通の人なら思わず「何やこれ。ここから何をどうしたらいいの？」って絶対に聞いたと思うよ。そして「やっぱりパソコンはわかりそうにないわ」と、あきらめるのが普通だったと思う。

　パソコンの性能も今とは全然違っていて、CPUの動作クロック周波数も4MHzだったもんね。今や古くなってしまったつるちゃんのプログラム開発用パソコンでも、400MHzもあるのだから、これだけでもその違いがわかるというものだ。ましてや今みたいに、綺麗にデザインされたアイコンをマウスでダブルクリックして、画像編集ソフトを立ち上げて、デジカメで撮った写真データを加工する、なんてことは想像すらできない世界。そもそもマウスなんて言葉すらなかったからね。そんなわけでパソコンを使う人はごくごく限られていて、「パソコン＝オタク」と言ってしまってよいくらいにマイナーな存在だった。

　ところが今ではどうだ。街角の電気屋さんでは、パソコンコーナーが入り口付近にバーンと設置されていて、パソコンとその周辺機器が、これでもかというぐらいにギッシリと並んでいる。1フロアが丸々パソコン売り場と化しているケースも珍しくない。そしてお店の人が「パソコンですかぁ」とニッコリ微笑み

【01】日本橋の風景

ながら近づいてきて、あれやこれやと親切に説明してくれる。別に微笑んでもらわなくてもええんやけどなあ。それでお客さんの方も、当時ならマニアックそうなおじさんか、学生風の兄ちゃんぐらいだけだったのに、今では若い女の子までごく普通に見かけるではないか！

　何という変わりよう……。このままでは世間に取り残されるという思いから、つるちゃんもパソコンの購入を決意した。ちょうどそのころ、F社製のノートパソコンが夏モデルから秋モデルへとチェンジした。なになに、CPUは300MHzそこそこだったのが433MHzになって、ディスク容量も6ギガだったのが9ギガになってる。しかも、ディスプレイは液晶の14インチだ。値段は予算の範囲内。よっしゃあ、買うしかないでえ。

　電気製品を買うとなれば、東京の人なら秋葉原、名古屋の人なら大須へ飛んでいくのと同じように、大阪出身のつるちゃんはすぐに日本橋へ飛んでいった【01】。普通ならお店で「何円まけさせた」なんて、他の人には恥ずかしくて言えないでしょ。でも大阪でなら自慢のネタになる。逆に値引きなしで買ったりすると、「お前、アホとちゃうか」とののしられてしまう。というわけで、つるちゃんもお店を何軒もまわって「ちょっと勉強不足ちゃうか。もうちょっとだけ何とかならんかなあ、隣なんか23万円を切ってるでえ」とか言いながら、値切りに値切って即日購入。よし、これなら人にも自慢できるぞ。パソコンも、値段の方も。

　ついにきたっ。つるちゃんのパソコン。これでインターネットもメールもできる！　世間から取り残されずにすむ！　しかし、それが困難の始まりだったとは、この時つるちゃんはまったく気づいていなかった。

―きっかけ―

## 02　インターネットでお遊び
1999年11月～12月上旬

　十数年ぶりに、新しい自分のパソコンを手にして気分はルンルン。それにしても昔のパソコンとは全然違う。ディスプレイだけをとってみても、640×200ドットの表示だったのが1024×768ドット、表示色も、8色しかなかったのが1677万色と、きめ細かく色鮮やかに表示される。おまけに、操作はほとんどマウスだけでできてしまう。同じパソコンと呼ぶにはあまりにも違いすぎる感じ。

　パソコンを買ってきてから最初のセットアップも、ご親切な説明書と画面に表示されるウィザードと呼ばれる指示画面に、教えられたとおりに進んでいって、簡単に終了した。昔なら、意味不明なパラメータを自分で設定したりして大変だったのと比べると、エライ違いだ。

　そしていよいよ、インターネットに接続。「ほっほ～っ、これがインターネットか」と、いろんなサイトをたくさん見た。お天気サイトにスポーツサイト。検索サイトに自分の会社のサイト。ちょっと見栄をはって、ニュースのサイトに政治と経済のサイト。そして、ムフフなサイトは？？？　とにかくその月の電話代が1万2000円でガーン。

　1万2000円も電話代を払ったからには、もちろん天文関係のサイトもたくさん見た。星座の神話、星空の紹介、惑星の解説、天体写真などなど。サイトの数だけでいえば、一番多そうなのは天体写真だけど、つるちゃんにはあまり興味がない。確かに天体写真はきれいで見栄えがするのだけど、天体はやはりこの目で見るのが一番だと、かたくなに信じているからかな。逆に興味を引かれたサイトもある。それは天文シミュレーションができるサイト。それというのも、つるちゃんは、昔のパソコンで天文シミュレーションソフトを作っていたことがあるのだ！【02】

　その内容は、星空表示から惑星の動きや簡単な日食計算など。当時としてはパソコンの機能をフルに使った傑作だった、ということにしておこう。当時のパソコンは動かなくなってしまった上に、今や、同等の機種は中古パソコン専門ショップでも入手困難となってしまった。だから、それらのソフトを再現するすべ

> ■概要
> ・プログラミング言語はBASICとアセンブラを使用
> ・星の数は500個程度、南半球の星座もサポート
> ・プログラムロジックのほとんどは独自に開発
>
> ■全球プラネタリウム
> 全天に見える星空を丸い円の中へ表示する
>
> ■半球プラネタリウム
> ある方角に見える星空を半円形の中へ描く
>
> ■惑星の経路
> 星座間を動く惑星の経路を描く
>
> ■過去・未来の星座
> 大昔や遠い将来の星座を表示する
>
> ■別の恒星から見た星座
> 別の恒星から見た星座の位置を計算して表示する
>
> ■日食と月食
> 指定した日時の太陽や月の欠け具合を描画する

【02】以前に作った天文シミュレーションソフト
現在の天文シミュレーションプログラムは、つるちゃんが学生時代に作成したものを原形としている。開発環境があまりにも違いすぎるため、当時のプログラムをそのまま使うことはできないので、手作業でプログラムを一から作り直した。

がない。それだったら何とでも言える。言った者勝ちとは、つるちゃんのことかも。

　それはともかく、天文シミュレーションができるサイトは、その絶対数自体が少ない。中にはすごいサイトもあるが、星座早見盤として表示させるタイプのものが多い。惑星まで表示できるものとなると、さらに数が減ってしまう。きっと普通の人には敷居が高いのだろう。もっとも、つるちゃんも普通の素人だけど。

　でも、つるちゃんには過去のノウハウがある。これを生かせばおもしろいサイトができるかも。そうだ、つるちゃんが昔作った天文計算のプログラムを移植して、インターネットで公開してみてはどうだろう!?

> さあ、とんでもないことを思いついたつるちゃん。よせばいいのに……。

つるちゃん
の
プラネタリウム

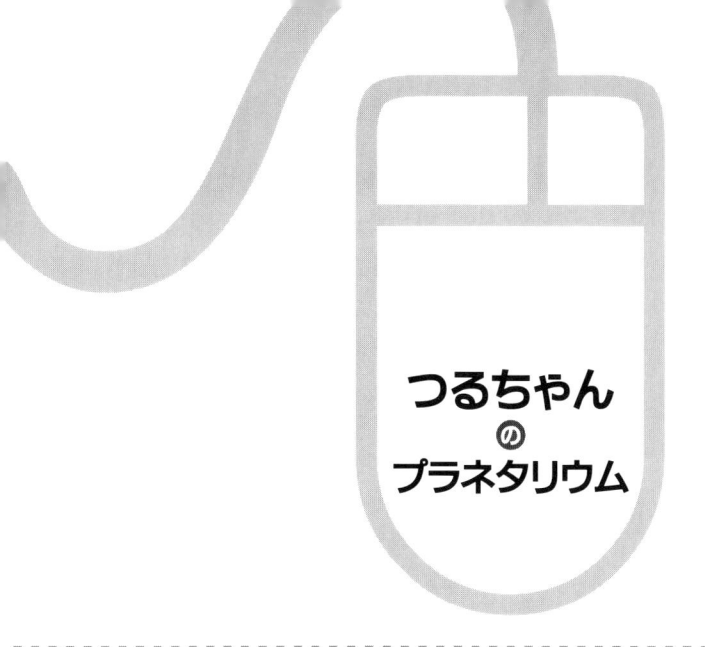

# Visual Basicによる
# プログラム作り

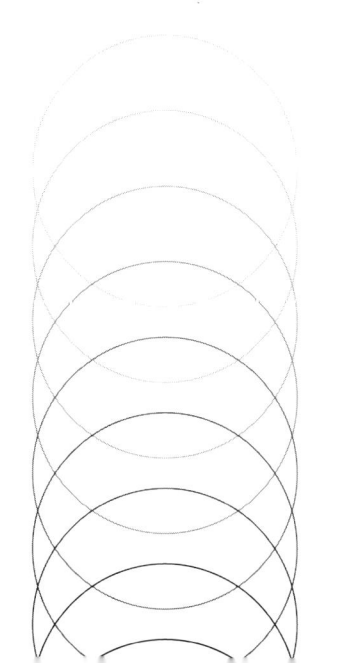

# 03 さあチャレンジ

1999年12月中旬 ::::::::::::::::::::::::::::::::::::::::::::::::::::::::::

> ［昔作った天文計算プログラムを移植しようと考えたつるちゃんだが。］

　思いついたらその日が吉日、さっそく行動開始。星空を表示しようと思ったら、まずは星のデータが必要となる。それでは手始めに星のデータを集めようか。そうそう、こういう時こそインターネット。さっそくデータの検索を始める。数時間後にすごいサイトを発見。ここには天文関係のデータがある、ある、いっ

```
《 内容の概要 》
  Description:
    The SKYMAP Star Catalog System consists of a Master Catalog stellar
    database and a collection of utility software designed to create and
    maintain the database and to generate derivative mission star catalogs
    (run catalogs). It contains an extensive compilation of information on
    almost 300000 stars brighter than 8.0 mag.

  Introduction:
    The original SKYMAP Master Catalog was generated in the early 1970's.
    Incremental updates and corrections were made over the following years
    but the first complete revision of the source data occurred with Version
    4.0. This revision also produced a unique, consolidated source of
    astrometric information which can be used by the astronomical community.

《 ファイルの構成 》
  File Summary:
  --------------------------------------------------------------------------
    FileName     Lrecl     Records     Explanations
  --------------------------------------------------------------------------
    ReadMe        80          .         This file
    sky0.dat     463        10236       Data for stars in RA < 1 hour
    sky1.dat     463        10233       Data for stars in 1 h <= RA < 2 h
    sky2.dat     463        10084       Data for stars in 2 h <= RA < 3 h
    sky3.dat     463         9829       Data for stars in 3 h <= RA < 4 h
    sky4.dat     463        10423       Data for stars in 4 h <= RA < 5 h

《 星データの形式 》
  Byte-by-byte Description of file: sky*.dat
  --------------------------------------------------------------------------
    Bytes     Format     Units     Label     Explanations
  --------------------------------------------------------------------------
     92- 93    I2         h         RAh       Right ascension (J2000) hours
     94- 95    I2         min       RAm       Right ascension (J2000) minutes
     96-101    F6.3       s         RAs       Right ascension (J2000) seconds
        102    A1         ---       DE-       Declination sign
    103-104    I2         deg       DEd       Declination degrees (J2000)
    105-106    I2         arcmin    DEm       Declination minutes (J2000)
    107-111    F5.2       arcsec    DEs       ?Declination seconds (J2000)
```

【03】星データの例
ダウンロードした星のデータは、データの概要、ファイルの構成、データの形式、データ部本体など、いくつかのファイルに分かれているのが普通。すべてはこれらのファイルを分析することからスタートする。

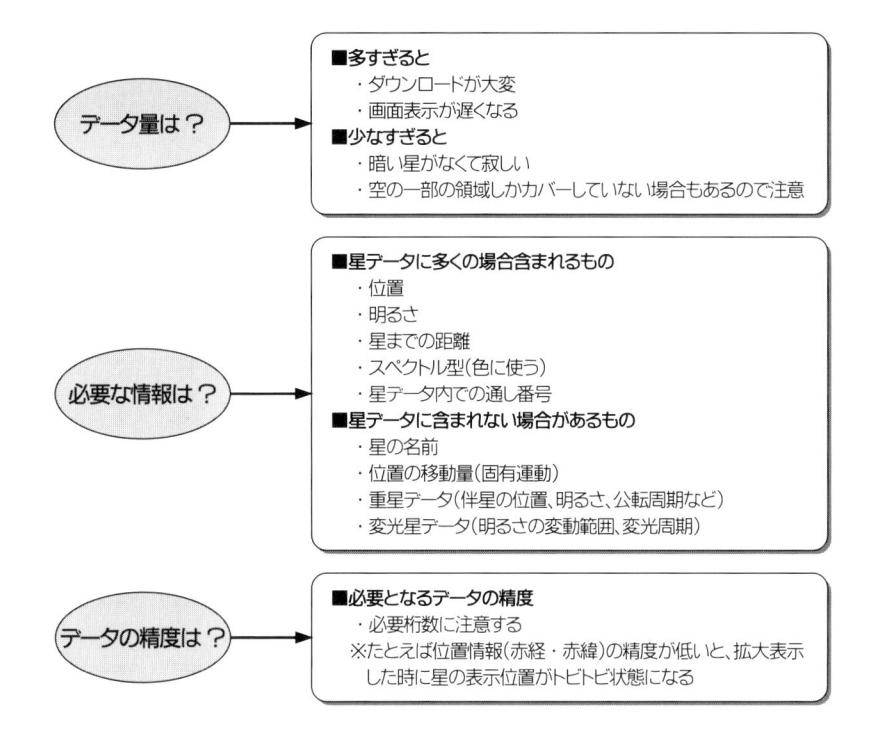

```
データ量は？ → ■多すぎると
                ・ダウンロードが大変
                ・画面表示が遅くなる
              ■少なすぎると
                ・暗い星がなくて寂しい
                ・空の一部の領域しかカバーしていない場合もあるので注意

必要な情報は？ → ■星データに多くの場合含まれるもの
                  ・位置
                  ・明るさ
                  ・星までの距離
                  ・スペクトル型(色に使う)
                  ・星データ内での通し番号
                ■星データに含まれない場合があるもの
                  ・星の名前
                  ・位置の移動量(固有運動)
                  ・重星データ(伴星の位置、明るさ、公転周期など)
                  ・変光星データ(明るさの変動範囲、変光周期)

データの精度は？ → ■必要となるデータの精度
                    ・必要桁数に注意する
                    ※たとえば位置情報(赤経・赤緯)の精度が低いと、拡大表示
                     した時に星の表示位置がトビトビ状態になる
```

【04】星データ選びのポイント
星のデータといってもさまざまな種類がある。データの特徴をつかんで、本当に必要なものを絞り込むようにする。

ぱいある【03】。ただし、説明が全部英語だけど。

　もともと研究者などの間で、データを開示したり交換をするために、インターネットを使うのは常套手段。また、自分の知りたい情報や欲しいデータを簡単に検索してゲットできるのも、インターネットのメリット。「インターネットはこういうふうに使うモノなんだよな」と二つの意味から妙に自分で納得した。

　ここのデータは、説明の書かれた"ReadMe"と呼ばれるファイルを見れば、中身が何であるかがわかるようになっている。つまり「外国の天文台の誰それさんが、3年もかけて作った南天の星のデータで、11桁目から15桁が星の座標のデータになっていて、41桁目から4桁が星の明るさのデータで……」といったことが書かれている。それとデータの件数もわかる。

　それにしてもデータの種類がありすぎて、どのデータがいるのか、それともいらないのかよくわからんぞ。とりあえず件数の少ないものはやめておこう。明る

い星のデータしか入っていなかったり、限られた領域のデータしか入っていないものが多いから。それから件数が多すぎるものも対象外。だって、ダウンロードするのに時間がかかりすぎてしまうから。インターネットに接続すれば電話代がかかるという、先月の学習効果がここに現れている【04】。

でも、実際には説明を詳しく読んで、データの中身をのぞいてみないとよくわからない点も多い。とりあえずデータ件数を頼りにめぼしそうなのを見つけて、片っ端から全部ダウンロードしよう。ダウンロードしてから解凍ツールで解凍すると、たいていの場合はテキスト形式かHTML形式のファイルになる。これなら誰でも読むことができるというわけだ。

それにしても、昔ならデータは自分の手で必死で入力していたのに、今はインターネットを使うと、世界中のデータがデジタルデータとして簡単に手に入る。便利な世の中になったもので、まさしくIT革命だと感心する。でも感心ばかりもしてられなくて、これからが大変。解説が全部英語だから辞書を引いてみるが、専門用語が多くて辞書にのってない単語も多い。ひょっとしたら、大学受験の英語よりも難しいかも。前途多難やなあ。

【05】主なプログラミング言語とその特徴

| 言語名 | 特徴 |
| --- | --- |
| Visual Basic | ・わかりやすい言語仕様<br>・手軽に画面作成が行える<br>・昔のBASIC言語との互換性がある<br>・「つるちゃんのプラネタリウム」でも使用 |
| C、C++ | ・処理速度が速い<br>・複雑なデータ構造を操作できる<br>・言語仕様が厳格で信頼性が高い<br>・初心者には難解な部分がある<br>・C++はオブジェクト指向言語 |
| Java、J++ | ・OSによらず、さまざまな環境で動作する<br>・Cと比べてわかりやすい<br>・オブジェクト指向言語 |
| COBOL | ・大型計算機向きの言語<br>・事務系の処理に強い<br>・古い言語だが、現在でも企業では多く使用されている |
| Perl | ・WebページのCGIでよく使用される<br>・一つのことを何通りもの方法で記述できる<br>・コンパイルが不要 |

プログラムを作るとひとことで言っても、さまざまなプログラミング言語があって、それぞれに特徴がある。プログラムを作る目的に合っているのはもちろん、自分自身にも合ったものを見つけることができればベストだ。

それと、もう一つ重要となるのがプログラミング言語。Visual Basic、C++、Javaなどいろんな言語があるけど、さてどれにしようか【05】。昔BASICをやっていたので、響きの似ているVisual Basic（VB）にしよう。重要なわりには、ずいぶんあっさりと決まってしまった。

　さっそくVBの本を買ってくる。なるほど、Basicと名がつくだけあって、昔のBASICの文法がそのまま残っている部分もある。たとえば"あいうえお"という文字列の左から2文字分の"あい"を取り出すには

　　LEFT（"あいうえお", 2）

と記述すればよい。計算式の場合も、ルート（1マイナスyの2乗）を計算する場合、

　　sqr（1-y^2）

と記述すればOKで、昔と変わりはない。このあたりは昔にBASICでプログラム作りをしていたころの知識が使えそう。

　でもその反面、新しい事柄も多い。VBでは、プロシージャ（手続き）やファンクション（関数）によってプログラムをブロック単位で作るらしい。そして、ブロック間では引数（パラメータ）を渡してデータのやり取りをするようだ。これらは以前のBASICにはない新しい考え方だ。

　それともう一つ、決定的な違いを発見。それはVBはWindows上で動いているということだ（当たり前かも）。だから、観測地や日付の設定などをユーザの人に入力してもらうためには、フォームと呼ばれる画面（青いタイトルバーのついた一つのウィンドウのこと）が必要となる【06】。フォームとプログラムの連携。ああ、何という違いだ。これじゃあBASICとは名ばかりで、別物じゃないかと言いたくなる。VBの方も前途多難そうやなあ。

　　　⌈ 早くも先行きに暗雲が立ち込めてきた。イヤな予感がつる　⌉
　　　⌊ ちゃんの脳裏をよぎる。　　　　　　　　　　　　　　　　⌋

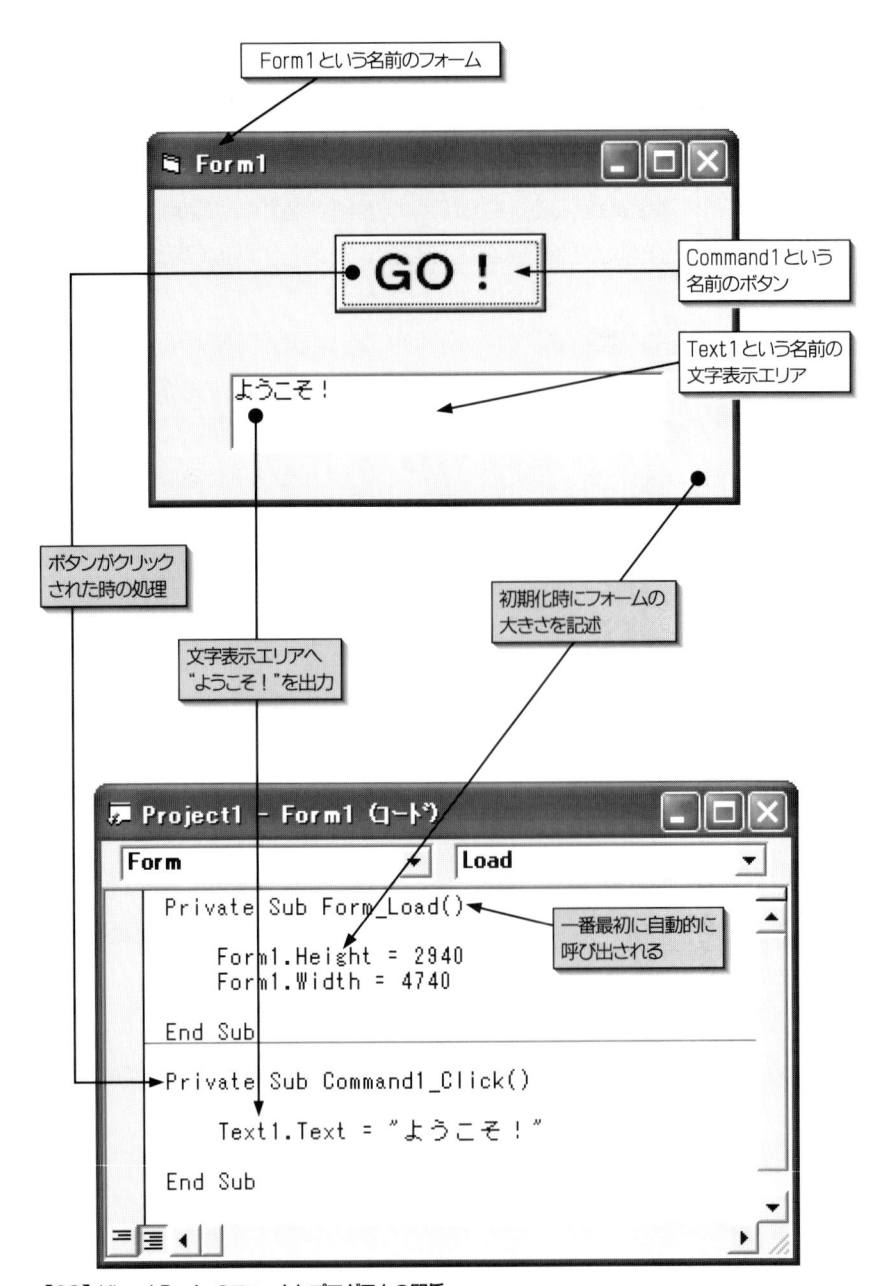

Form1という名前のフォーム

Command1という名前のボタン

Text1という名前の文字表示エリア

ようこそ！

ボタンがクリックされた時の処理

文字表示エリアへ"ようこそ！"を出力

初期化時にフォームの大きさを記述

```
Private Sub Form_Load()

    Form1.Height = 2940
    Form1.Width = 4740

End Sub

Private Sub Command1_Click()

    Text1.Text = "ようこそ！"

End Sub
```

一番最初に自動的に呼び出される

**【06】Visual Basic のフォームとプログラムの関係**

フォームとプログラムは密接に関係している。両者の関係を理解することは、プログラム作りを進める上でとても大切なことだ。

# 04 早くも断念?

1999年12月下旬

> 星データの解説は全部英語で、プログラミング言語の Visual Basic（VB）は昔とはすっかり様変わりしてしまっている。しかし、まだ始めたばかりじゃないか、がんばろう。

　まず、星のデータを理解することから始める。VBよりもこちらの方がまだ簡単そうだから、というのがその理由。そうはいっても、説明が全部英語で書かれているので、辞書を引きまくる。こんなに英和辞典を引いたのは、大学受験の時以来かも。でもそのかいあって、よくわからない部分もあるが、大筋でなんとか理解できてきた。残り部分は勘頼み。

　とはいいながら、プラネタリウムを作るのに最低限必要となる項目は二つしかない。一つは、地球上でいうところの経度・緯度に相当するようなもので、赤経・赤緯と呼ばれる星の座標【07】。そしてもう一つは、星の明るさだ。でも、位置データの精度が足らないものは、拡大表示した時にボロが出るのでここで

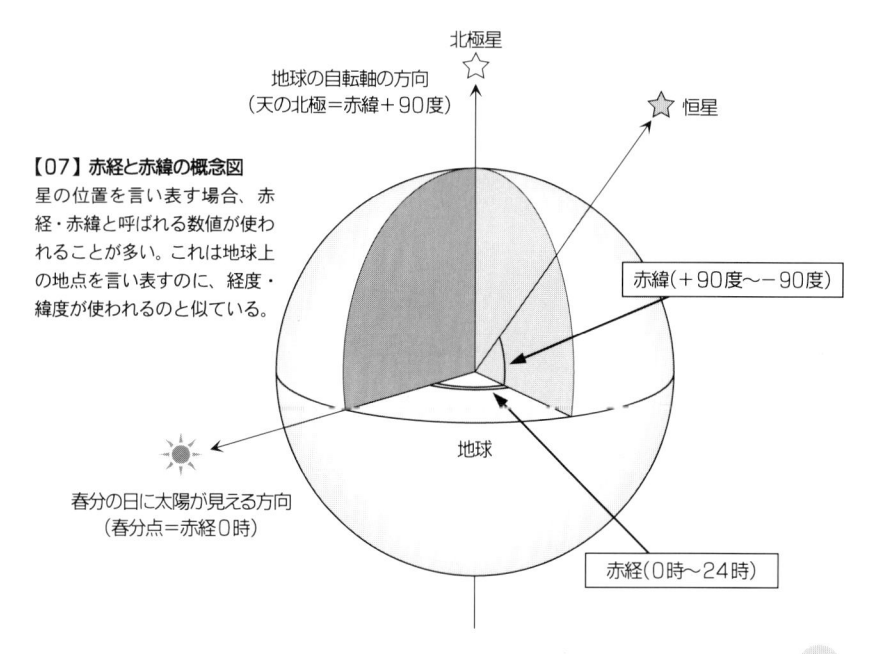

**【07】赤経と赤緯の概念図**
星の位置を言い表す場合、赤経・赤緯と呼ばれる数値が使われることが多い。これは地球上の地点を言い表すのに、経度・緯度が使われるのと似ている。

（図中ラベル）
- 北極星
- 地球の自転軸の方向（天の北極＝赤緯＋90度）
- 恒星
- 赤緯（＋90度～－90度）
- 地球
- 春分の日に太陽が見える方向（春分点＝赤経0時）
- 赤経（0時～24時）

## 【08】星データに必要な項目

| 必要な項目 | 要否 | 説明 |
|---|---|---|
| 位置 | ◎ | 赤道座標系(赤経・赤緯)で表された星の座標。精度に注意のこと |
| 明るさ | ◎ | 明るさを等星で表したもの。写真等級や眼視等級があるので、必要に応じて使い分ける |
| 星名 | ◎ | 明るい恒星の固有名があると何かと便利だが、星データ内に含まれていない場合もある |
| スペクトル型 | ○ | 恒星の色として使用する。色を表示しない場合は不要だが、あった方がきれいで、データとしても有用 |
| 重星データ | ○ | 伴星の位置、角距離、公転周期などの情報。伴星が同じ星データに含まれる場合は伴星への紐付け(通し番号)も含まれる |
| 変光星データ | ○ | 変光星の場合に変光周期、変光範囲、変光星の型などがあるとよい |
| 年周視差 | △ | 恒星までの距離を計算するための基礎データ |
| 固有運動量 | △ | 恒星が1年間に少しずつ移動していく(固有運動)角度。赤経成分と赤緯成分がある |
| 絶対等級 | △ | 約32.6光年から見たと仮定した場合の恒星の明るさ。あった方がよいが、地球からの明るさと距離がわかれば計算できる |

◎：必須 ○：ぜひ欲しい △：あった方がよい

星データには多くの項目が含まれている。それらの項目の意味を理解して取捨選択することは、天文シミュレーション用の星データを作る上で、欠かせない作業の一つだ。

は対象外にしよう。他には星のスペクトル型や、変光星（明るさが変わって見える星）としてのデータや、二重星（二つの星がくっついて見える星）のデータもミックスされていると嬉しいかな【08】。

といった観点から、たくさんある星のカタログデータを順番に調べていく。これはデータ数が少ないからダメ、こっちのは変光星のデータがない、あっちのはわからん項目が多すぎる……。自然とデータは絞られてくる。よし、よし、だいたいどのデータを使うか決まってきた。

使うデータが決まっても、その中には絶対に使いそうもない項目や、まったく意味不明な項目もたくさん含まれている。このままだとデータ量が膨大になりすぎるし、使いにくくてしょうがない。データのいらない部分を切り取って、必要な部分だけを使いやすいように加工するプログラムをVBで作ることにしよう。しかしながら今のつるちゃんではとても無理。もう少しVBに慣れてきてからということで、後日の宿題としておこう。でも、いつになったら慣れるのかなあ。はたしてそんな日がくるのかなあ。つるちゃんも先行きがちょっと不安げだ。

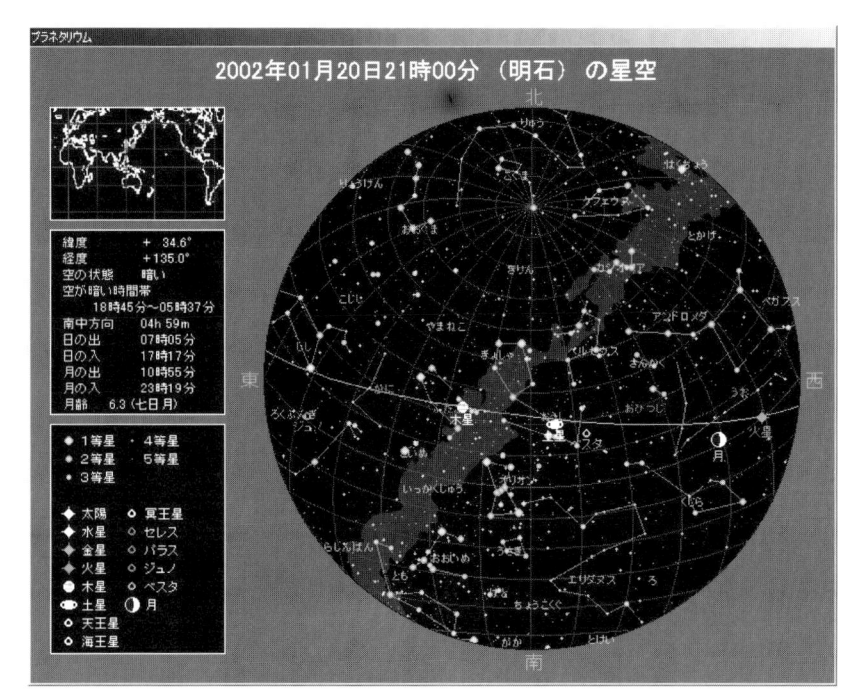

**【09】全球プラネタリウムの表示例**
現在見えている星空を丸い円の中に表示するのが全球プラネタリウム。当初はこんなにカッコイイものではなく、大きな円の中に星の丸印しか表示されないような、ごく簡単なものからスタートした。

　星のデータがだいたい決まったので、今度はVBに慣れることが肝心だ。漠然とやっていたのではなかなか上達しないのは何でも同じ。何事も目標を決めると、上達する速さが違ってくる。「仕事も同じだぞ」と、上司の声が聞こえてきそうだけど、それは横に置いておこう。でも今回の場合は、最初の目標はすでに決まっている。言わずと知れたこと、パソコン上で星をプラネタリウムのように表示することだ。その表示のさせ方はいろいろあるのだろうけど、今の段階ではとりあえず、星空を丸い円の中に表示する全球プラネタリウム形式を簡素化した、簡単プラネタリウムを作ってみよう！【09】

　簡単プラネタリウムを画面に表示するためには、大きな流れとして、次のようなことが必要となる【10】。

　　① 日時と観測地の決定
　　② 星データの読み込み

**【10】星をプラネタリウム表示するために必要な事柄**

| 項目 | 必要な事柄 |
|---|---|
| ① 日時と観測地の決定 | 1. 日付、時刻、観測地（経度と緯度）が決まらないと、どんな星空が見えるかは決まらない。よってこれらを決める必要がある<br>2. 日時の既定値は現在時刻。使用者が変更できるようにする<br>3. 観測地を候補から選べるようにする<br>4. 上記1〜3を実現する専用のフォーム（画面）を作成 |
| ② 星データの読み込み | 1. 星データを1件ずつ順番に読み込む<br>2. 読み込んだデータの赤経・赤緯などの項目を配列（データの保管庫）へ格納していく |
| ③ 基礎データの計算 | 1. 基準日からの通算日付（ユリウス日）を、設定された日時より計算<br>2. ユリウス日と観測地から地方恒星時を計算 |
| ④ プラネタリウムへの座標変換 | 1. 星の赤経・赤緯と地方恒星時から天球上での星の位置を計算<br>2. さらに緯度を考慮して天球を回転する計算<br>3. 見る方向（東西南北など）に合わせた回転の計算<br>4. 視点の位置を決め、星を平面へ投影する計算<br>5. 表示の大きさに合わせた拡大／縮小の計算 |
| ⑤ ディスプレイへ結果を表示 | 1. 表示位置は④で計算した座標<br>2. 星の明るさ（等星）に応じて丸印の大きさを変える |

天文シミュレーションを行うためには、当然のことながら天文計算が必須となる。市販の参考書などで、まず基本的な考え方から勉強しなければならないが、結果の計算式だけを使うケースもある。

③ 基礎データの計算

④ プラネタリウムへの座標変換

⑤ ディスプレイへ結果を表示

　頭ではわかるが、はたしてどう実現したらいいのか。意気込みはあるのだが、右も左もわからない。森の中でやみくもに走り出しても迷子になりそうだ。ここはVBの本の例を参考にしながら、簡単そうな［③ 基礎データの計算］のあたりから実践してみようか。今回は、昔のBASICプログラムの移植が基本なので、計算式自体は昔のものを使える。

　といっても、昔のパソコンは古すぎて、データをWindowsで扱える形式へ変換することはできない。ましてや、新旧2台のパソコンを接続してプログラムをコピーするなんてことは、とても無理。しかたがないので、昔のパソコンを開発用パソコンの横に並べて、計算式を入力しながらプログラム化していく。

　天文の計算式というと、何やら難しそうに思うかもしれないけど、つるちゃんのような素人が扱う程度の範囲なら、天文計算の参考書を読んで理解すれば、さほど難しいものではない。もっと言えば、理解なんかしていなくても、計算式だけをパックリとパクッてしまえばそれでよい。終わり良ければすべて良しとは

■変数の宣言忘れ

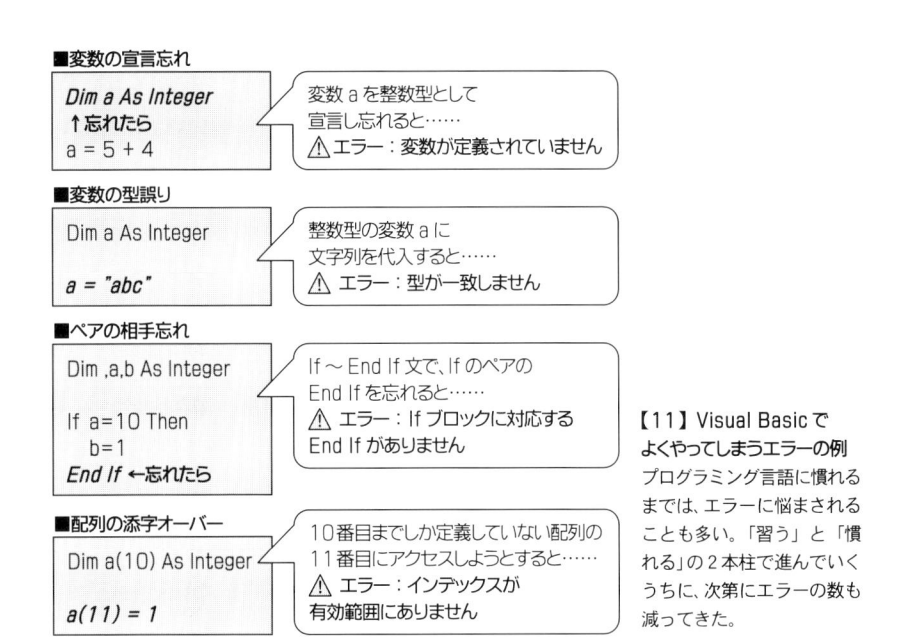

```
Dim a As Integer
↑忘れたら
a = 5 + 4
```

変数 a を整数型として
宣言し忘れると……
⚠ エラー：変数が定義されていません

■変数の型誤り

```
Dim a As Integer

a = "abc"
```

整数型の変数 a に
文字列を代入すると……
⚠ エラー：型が一致しません

■ペアの相手忘れ

```
Dim ,a,b As Integer

If a=10 Then
    b=1
End If ←忘れたら
```

If～End If 文で、If のペアの
End If を忘れると……
⚠ エラー：If ブロックに対応する
End If がありません

■配列の添字オーバー

```
Dim a(10) As Integer

a(11) = 1
```

10番目までしか定義していない配列の
11番目にアクセスしようとすると……
⚠ エラー：インデックスが
有効範囲にありません

【11】Visual Basic で
よくやってしまうエラーの例
プログラミング言語に慣れる
までは、エラーに悩まされる
ことも多い。「習う」と「慣
れる」の2本柱で進んでいく
うちに、次第にエラーの数も
減ってきた。

このことだ。何、つるちゃんはパクリ専門やろって？ 失礼な！ もっとも、それに近いという噂もあるけど。でも今は、アホなことを言っているような余裕はない。ＶＢの方が問題だ。

　ＶＢにはテスト用として、即時にプログラムを実行できる、便利な機能がある。これを使うと、いちいちプログラムのコンパイル（コンピュータが理解できる形式に翻訳すること）をしなくても、テスト的にすぐに実行することができる。基礎データを計算する部分の簡単なプログラムを作ってみたので、さっそくプログラムを動かしてみる。

　「…………（絶句）」

　エラーが出るわ、出るわ。出るのがパチンコ玉ならフィーバーでいいんだろうけど、エラーでは気が滅入りそう。これだけのエラーを確実にとらえるパソコンも、たいしたモンだと感心する。

　エラーが出るといっても、いろいろな段階がある。ＶＢの文法にそぐわない文法エラーから、ロジック上に誤りのあるエラー（一般にバグ（虫）と呼ばれる。後でも出てくるから覚えておいてね）までいろいろだ[11]。でも、今のこの段階ではほとんどが文法エラー。エラーにはエラーメッセージがついてくるから、こ

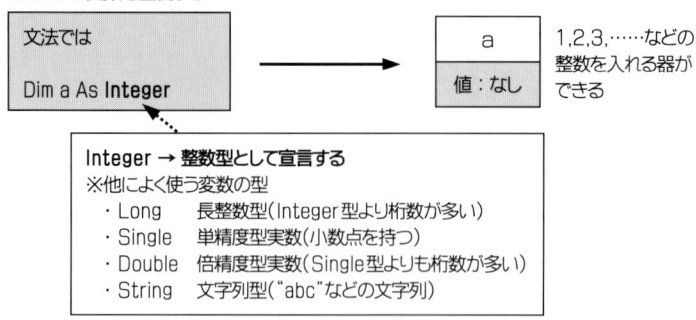

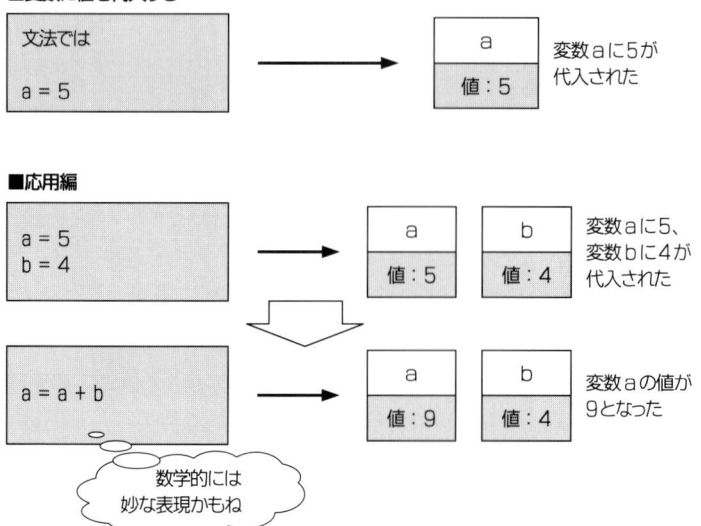

■aという変数を宣言する

文法では
Dim a As Integer

→ a 値：なし　1,2,3,……などの整数を入れる器ができる

Integer → 整数型として宣言する
※他によく使う変数の型
　・Long　　　長整数型（Integer 型より桁数が多い）
　・Single　　単精度型実数（小数点を持つ）
　・Double　　倍精度型実数（Single 型よりも桁数が多い）
　・String　　文字列型（"abc"などの文字列）

■変数に値を代入する

文法では
a = 5

→ a 値：5　変数aに5が代入された

■応用編

a = 5
b = 4

→ a 値：5　　b 値：4　変数aに5、変数bに4が代入された

⇩

a = a + b

→ a 値：9　　b 値：4　変数aの値が9となった

（数学的には妙な表現かもね）

**【12】変数の概念と文法**
プログラミング言語にはそれぞれに決められた文法がある。文法を覚えることはプログラミング言語習得への近道といえる。

れをもとにプログラムを直していくことになる。

　たとえば、よく出るエラーに「変数が定義されていません」というのがある。このエラーが出て怒られたら、変数を宣言してあげないといけない【12】【13】。ＶＢの本の事例を何度も読み返して「あっ、そうか」なんてことはよくある話。しかし、どうしてもわからない意味不明なエラーもある。今回のエラーはどう考えてもわからん！　本当に意味不明だ。

■ For～Next文
1から100までの合計値を求める計算の例(その1)

```
① Dim a, i As Integer
② a = 0
③ For i = 1 To 100
④     a = a + i
⑤ Next i
⑥ Print a
```

① aとiという変数を整数型で宣言
② aを0で初期化
③ 変数iを1から100まで順に上げながらNext文までの処理を繰り返す。iが101になると⑥へ
④ 現在のaの値にiの値を足し算
⑤ For文の③へ戻る
⑥ 計算結果を出力。結局1から100までを足し算した値の5050が出力される

■ While～Wend文
1から100までの合計値を求める計算の例(その2)

```
① Dim a, i As Integer
② a = 0
③ i = 1
④ While i <= 100
⑤     a = a + i
⑥     i = i + 1
⑦ Wend
⑧ Print a
```

① aとiという変数を整数型で宣言
② aを0で初期化
③ iを1で初期化
④ 変数iが100以下である間はWend文までの処理を繰り返す。101になると⑧へ
⑤ 現在のaの値にiの値を足し算
⑥ iに1を加える
⑦ While文の④へ戻る
⑧ 計算結果を出力。結局1から100までを足し算した結果の5050が出力される

■ If～End If文
条件判定を行って処理を分岐させる例

```
① Dim a, b As Integer
② a = 5
③ If a > 10 Then
④     b = 1
⑤ Else
⑥     b = 0
⑦ End If
⑧ Print b
```

① aとbという変数を整数型で宣言
② aを5で初期化
③ aが10より大きければ④を実行
④ bを1とする
⑤ aが10以下ならば⑥を実行
⑥ bを0とする
⑦ If文を終了
⑧ 結果を出力。結局④と⑥の処理のうち、⑥が実行されて0が出力される

【13】Visual Basicでよく使う文法
プログラムを作る際に、よく使われる処理パターンというものがある。このうち「繰り返し処理」で使うFor～Next文とWhile～Wend文、「分岐処理」で使うIf～End If文などはその典型だ。

　もう一度悩んでみるが、やっぱりわからない。もう発狂寸前だが怒りのやり場がない。エラーをとらえるパソコンに感心する余裕もなくなってきた。これじゃあ、インターネットで天文シミュレーションのプログラムを公開するなど、とてもできそうにない……。こうして1999年は暮れていった。

　　　　［　つるちゃん早くも断念寸前！　　　　　　　　　　　　］

# 05 壁、壁、そして壁
## 2000年1月上旬

> エラーの連続でつるちゃんは断念寸前。しかし、会社の仕事では決して発揮することのない持ち前の粘り強さで、エラーの原因はＶＢ側にあることを突き止めて一歩前進。

　ＶＢを始めたのはいいが、エラーに悩まされるつるちゃん。たいていは悩みながらもなんとか解決するのだが、今回のエラーはさっぱりわけがわからない。どうやら配列（後述【25】）をパラメータで渡すとエラーになるようだ。どうにもわからないので、配列のパラメータをいったん消してからもう一度設定してみた。あれ？　今度はうまくいっちゃった。これってＶＢが悪いんとちゃうのん！　あ〜、あほらし。ということでとりあえずは解決。こんなことをしているうちに、［③ 基礎データの計算］の部分はだいたいできた【14】。

　早く画面に星が表示されるといいな。でも、それには星の丸印を描かないといけないんだけど、どうやって描くのだろう。星を表示するには星のデータを読み込まないといけないけど、どうやって読み込むのだろう。観測地を画面から設定できるようにしたいのだけど、どうやって観測地の候補を画面に出すのだろう。設定が終わったらＯＫボタンを押すようにしたいけど、どうやったらＯＫボタンを作ることができて、どうやったらＯＫボタンを押した時の処理がなされるのだろう。どうやったら、どうやったら、……？

　これじゃあ、とてもじゃないが一度には解決できそうにない。ここは、地道に一つずつ順番に解決していくしかなさそうだ。まずは星の丸印の描き方から始めてみよう。やはり、結果が目に見える形で画面に出ると嬉しいし、励みにもなる。例のＶＢの本を読むと、

　　　CIRCLE (x, y), r, c

の形式で指定するようだ。つまり、ウィンドウの左上端を原点として右へxドット、下へyドットの場所へ、半径rドットの円を、色cで指定すればＯＫだ。ドットとは画面上の一つの点のこと。あっ、そうか。星の明るさに合わせて、円の半径を1等星なら3ドット、2等星なら2ドット、3等星なら1ドットといった具合に

■ユリウス日の算出

・ユリウス日とはBC4713年1月1日世界時12時から起算した通日のこと
・地方恒星時や惑星位置を計算する場合などで使う

《ユリウス日計算のプログラム例(西暦1600年以降に適用)》

```
Public Function Cal_JDT(ByVal y As Integer, ByVal m As Integer, _
        ByVal d As Double, ByVal h As Double, ByVal f As Double)

    Dim jd As Double
    Dim ye As Integer

    If m < 3 Then
        ye = y - 1
        m = m + 12
    Else
        ye = y
    End If
    jd = Int(365.25 * ye) + Int(30.59 * (m - 2)) + d + 1721086.5 + _
        h / 24 + f / 1440 - 135 / 360
    jd = jd + Int(ye / 400) - Int(ye / 100) + 2
    Cal_JDT = jd

End Function
```

■地方恒星時の算出

・地方恒星時とはある観測地の春分点の時角
※春分点方向と南中方向の角度差、または南中方向の赤経と思うとわかりやすい

《地方恒星時計算のプログラム例》

```
Public Function Cal_LST_1(ByVal jd As Double)

    Dim b, r, slst, ret As Double

    b = jd - 2415020
    r = 366.2422 / 365.2422
    slst = 18.6461 + 24 * b * r + 3.24 * 0.00000000000001 * b * b + _
        Kdo / 15
    ret = 360 * (slst / 24 - Int(slst / 24)) * Rad
    Cal_LST_1 = ret

End Function
```

【14】基礎データ計算の具体例
天文計算を行う場合に必ず出てくるものに「ユリウス日」と「地方恒星時」がある。これらを計算するためのプログラムの例を紹介する。難しい話はともかく、雰囲気をつかんでいただければ十分だ。

すれば、明るい星は大きく、暗い星は小さく描かれて、星の明るさを表現できるはずだ【15】。これは後に［⑤ディスプレイへ結果を表示］の部分で使うことにしよう。

ようやくこれで壁を一つクリア！ それにしても「簡単プラネタリウム」なんて名前をつけたのは誰や。「難解プラネタリウム」に名前を変えた方がええんとちゃうか！ こんな調子で、何か一つ新しいことをしようとすると、たちまちそれが壁となる。その時は、ＶＢの本とマニュアルだけが頼りだ【16】。でもマニュ

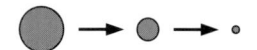

明るい星　　　　　暗い星

1等星などの明るい星は大きな丸印、暗い星は小さな丸印を描く

| 1等星以上 | 半径3ドットの円を描く |
|---|---|
| 2等星 | 半径2ドットの円を描く |
| 3等星 | 半径1ドットの円を描く |
| 4等星以下 | 点で表現する |

■プログラムで円を描くには
planetarium.Circle(300,150), 3, vbWhite
・planetariumというフォームへ描く
・X座標300、Y座標150へ半径3の円を描く
・vbWhite(VBで用意された定数)により白色が指定される

■プログラムで点を描くには
planetarium.Pset(300,150), vbWhite
・planetariumというフォームへ描く
・X座標300、Y座標150へ点を描く
・vbWhite(VBで用意された定数)により白色が指定される

【15】星の円の描き方
星の円を描くなんて何でもないことのようだが、初めての人にとっては未知の世界。もちろん、つるちゃんの場合も同じだ。つまらないことの積み重ねによって、プログラミング技術も少しずつ上達していく。

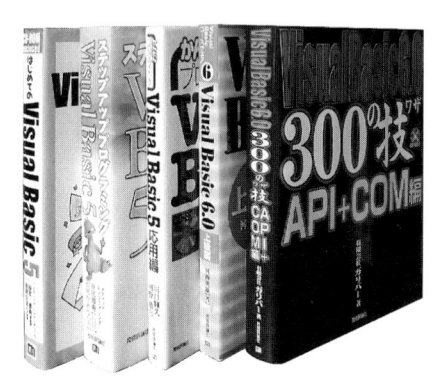

【16】Visual Basicの解説本
解説書選びでは、何よりも自分に合ったものを選ぶことが大切。また、読んでいくにしたがって、急激に難易度が高くなる場合もあるので注意する。プログラムを開発する中で、少しずつ買い足していくうちに、本の数も次第に増えてきた。

アルは苦手なので、あまり使いたくない。だから、ついVBの本に頼りがち。VBの本もいつの間にか3冊に増えた。壁、壁、そして壁。それらの壁を一つずつクリアしていく地道な作業が続く。

[　つるちゃん、ほんの少しずつだが前進。　　　　　　　　]

## 06 ついに星が出た！

2000年1月中旬

> 少し前進したとはいえ、まだまだ道のりは長いぞ。とにかく星のデータがなければ星は出ない。以前にダウンロードしたデータをプラネタリウム表示用に変換するプログラムを作ろう。その後はプラネタリウム作りへの挑戦だ。

　VBにも若干慣れてきたので、プログラムでトラブルが起きても対応に少し余裕がある。さて、このあたりで以前にダウンロードした星データを、プラネタリウム表示用の星データに加工してみようか。さっそく星データ加工用のVBプログラムの作成に取りかかる。

　星データはテキスト形式のファイルとなっている。VBでファイルを扱うためには、まず「ファイルをオープンする」ということをしないとダメみたい。読み込むファイル（もとのデータ）と、書き込むファイル（変換後のデータ）の、二つのファイルをオープンしよう。次に、もとのデータの入った読み込みファイルから、1件ずつデータを読み込んで、必要な桁の部分だけを抜き出す。そして、書き込み先のファイルへと書き込む。これを、データがなくなるまで繰り返してやればいい。最後にデータがなくなったら、オープンしたファイルをクローズ処理する【17】。

　ちょっとわかりにくいかもしれないけど、慣れれば簡単。無責任な言い方だが、経験的に言うと、意味がわからない時にはあれこれ考えるよりも、「こうするモンなんだ」と思い込むことが大切かも。このことは、つるちゃんのプログラム開発の鉄則にしよう。なんだかよくわからない鉄則だけど、意外と役に立つ鉄則だ。何はともあれ、サクサクとはいかないけど、簡単プラネタリウムで使える形式の星データができた。ちょっと自信もついた。

　さあ、準備完了だ。いよいよ星をプラネタリウム表示するためのプログラム作りに本格的に着手するぞ。以前の簡単プラネタリウム作成の流れに沿って進めよう！

① 日時と観測地の決定

■星データの加工
不要な項目を削り、必要な項目はプログラムで扱いやすいように加工する

```
入力データ      項目A  項目B  項目C  項目D
                       ×不要    
プログラムでデータを加工          計算してまとめる
出力データ      項目A         項目C´
```

■プログラムの流れ

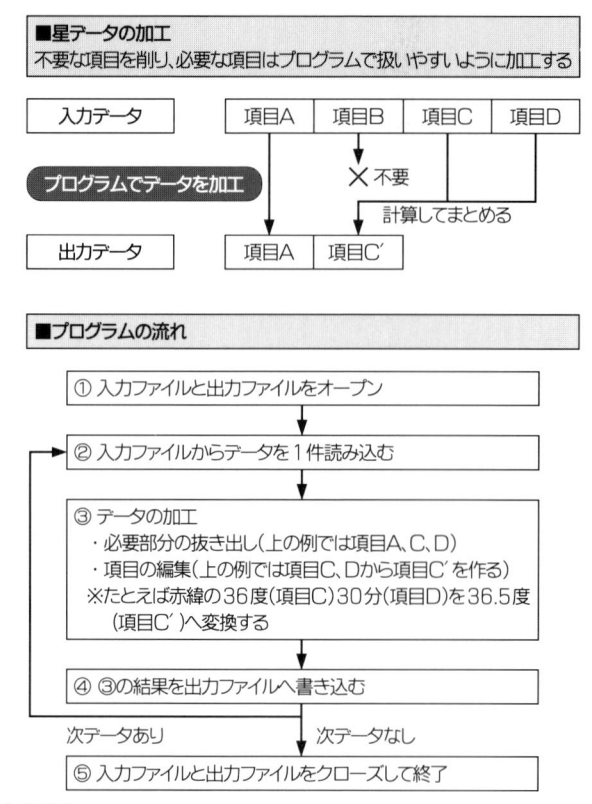

```
① 入力ファイルと出力ファイルをオープン
         ↓
→ ② 入力ファイルからデータを1件読み込む
│        ↓
│ ③ データの加工
│    ・必要部分の抜き出し(上の例では項目A、C、D)
│    ・項目の編集(上の例では項目C、Dから項目C´を作る)
│    ※たとえば赤緯の36度(項目C)30分(項目D)を36.5度
│      (項目C´)へ変換する
│        ↓
│ ④ ③の結果を出力ファイルへ書き込む
│     次データあり / 次データなし
└──────┘         ↓
        ⑤ 入力ファイルと出力ファイルをクローズして終了
```

【17】星データの加工
星データをあらかじめ加工しておくことによって、データ容量を節約したり、データの読み込み時間や計算時間を短縮することができる。

　これは、専用の入力画面を作らないといけないので、面倒くさそう。今の段階では手に負えそうにない。とりあえずここでは、日時を2000年1月20日21時0分の固定とし、観測地も明石をプログラム内に持たせる。
② 星データの読み込み
　この部分は、先に星データを加工するプログラムを作った時に、ファイルの読み書きをマスターしているのでまったく問題なし。すぐにできちゃった。
③ 基礎データの計算
　これは、VBを始めた最初のころに悪戦苦闘した部分で、いってみれば汗と涙の結晶。ちょっと大げさかな。今後のことを考えると、ここで使う計算式はまとまった単位ごとに関数化しておくと、あちこちから呼び出せて便利そう【18】。こ

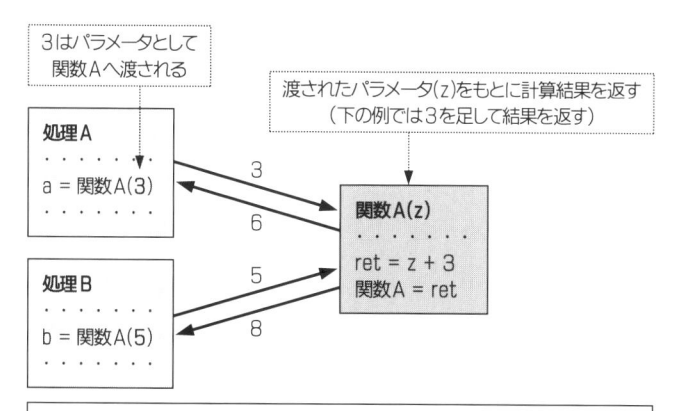

3はパラメータとして
関数Aへ渡される

渡されたパラメータ(z)をもとに計算結果を返す
（下の例では3を足して結果を返す）

```
処理A
・・・・・・
a = 関数A(3)
・・・・・・
```

```
関数A(z)
・・・・・・
ret = z + 3
関数A = ret
```

```
処理B
・・・・・・
b = 関数A(5)
・・・・・・
```

3 → 6 ← 5 → 8 ←

■プログラムを関数化すると……
・処理Aからも処理Bからも呼び出すことができる
・修正が必要になった場合でも、関数内のプログラム1か所を直すだけで済む
・プログラムが読みやすくなる

■関数化されたプログラムの例（24時制の赤経を360度制へ変換する）

```
Public Function RaToDeg(ByVal h As Double, ByVal m As Double, ByVal s As Double)
    Dim ret As Double
    ret = (h + m / 60 + s / 3600) * 15
    RaToDeg = ret
End Function
```

パラメータとして赤経の時、分、秒を得る

計算結果を返す

### 【18】プログラムの関数化とその例

プログラムを関数化することによって、わかりやすいプログラム（もっといえば、いいプログラム）を作ることができる。

### 【19】プラネタリウムへの座標変換の考え方

3次元の球の表面に貼り付けられた星を、2次元の平面へ投影する考え方。視点（目）の位置を変えることによって、平面へ投影されたプラネタリウムのイメージも違ってくるので、試行錯誤してみるとおもしろい。

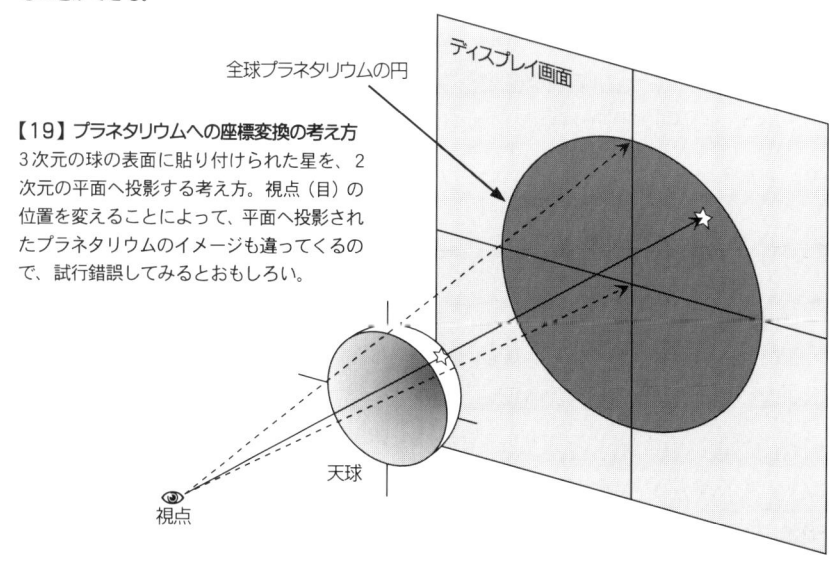

全球プラネタリウムの円

ディスプレイ画面

天球

視点

―Visual Basic によるプログラム作り―

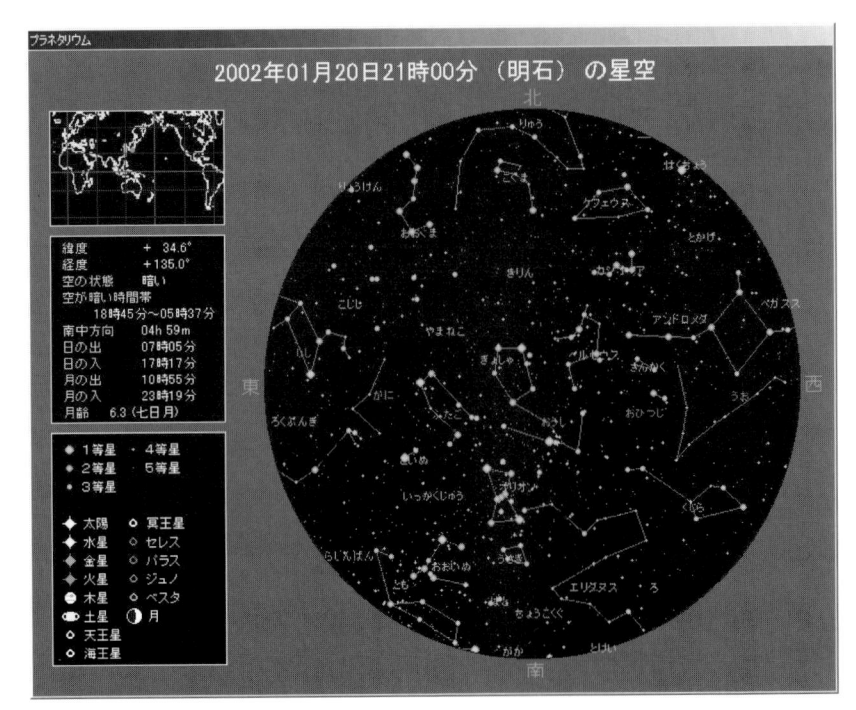

【20】オリオン座が表示された画面
南の空にオリオン座が表示されている。自分が作ったプログラムによって初めて画面に表示されたオリオン座を見た時は、さすがに大感激した。

ちらは多少手直しをして完了。
④ プラネタリウムへの座標変換
　この部分は、昔のプログラムの計算式を、そのまま使ってもよかったのだが、復習を兼ねて、最初から計算式を自分で作ってみることにした。「ああ、そうやそうや」と、だんだん思い出してくる。少しずつできあがってきた計算式を、プログラムに書きなおして、プラネタリウムへの座標変換の部分は終了【19】。
⑤ ディスプレイへ結果を表示
　これは、以前に画面へ丸印を描く練習をしていたので、スンナリと完成。
　さあ、これで本当に最低の機能しかないけど、とりあえず全球プラネタリウム形式の簡単プラネタリウム用プログラムができあがった。よし、動かしてみよう。「んっ？」星が1か所に集中して表示されるぞ。おっと、位置計算の計算式に間違いを発見。再度やりなおし。何度か繰り返してついに出た!! オリオン座も

その形どおりに星が並んでる!! [20]

　それにしてもこの表示の速さは何なのだろう。昔のパソコンでは１日かかっても終わらないような計算量を、１秒足らずでやってしまうではないか。足し算、掛け算、三角関数など、ざっと30万回は計算しているはず。今のパソコンはとんでもない速さで動いていることを、ホントに実感。

> この時点でつるちゃんは、もうほとんど感動状態。ウルウル。苦しかった日々が次々と思い出される。というほども日にちは経っていないけど。こうして「つるちゃんのプラネタリウム for Windows」へと大きく踏み出した！

## 07 機能アップに挑戦
### 2000年1月下旬～2月上旬

> とりあえず、全球プラネタリウムに星は表示された。でも、日付の設定はできないし、星座の線や天の川も出ない。もちろん惑星も。ひと山越えたら今度は山がいくつも見えてきた。これじゃあ永遠にプログラムを作り続けなあかんでえ。

　課題はてんこ盛りだけどがんばろう。まずは、先の簡単プラネタリウムではできなかった［①日時と観測地の決定］の部分に取りかかって、日付と時間と観測地を変更できるようにしたい。しかし、前に出てきた「どうやったらシリーズの疑問」はいまだに解決されてない。つまり、「どうやったら観測地の候補を画面に出せるのだろう」、「どうやったらOKボタンを作れるのだろう」、「どうやったらOKボタンの処理がなされるのだろう」といった疑問。またきっと大変なん

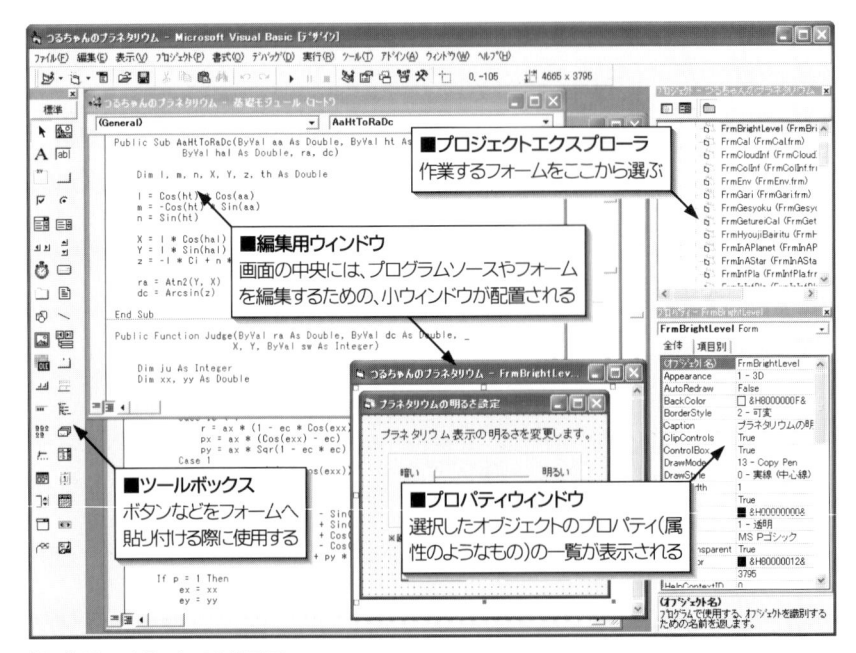

【21】Visual Basicの作業画面
初めて見た時は「何これ、難しそう～」の一言だったが、今ではこの画面にもすっかり慣れた。

—Visual Basic によるプログラム作り—

やろなあと、早くもイヤな予感が漂う。つるちゃんはもう半分あきらめ顔だ。

　まず手始めにボタンを一つ作ってみようか。例によってVBの本を読んでみる。フムフム。VB画面のツールボックスの中に、ボタンやチェックボックスなどの絵が並んでいる【21】。これを選んでフォームの上に貼り付ければいいのか。一つ貼り付けてみる。なんだ、簡単じゃん。じゃあ他のもやってみよう。ああ、簡単、簡単、ペタ、ペタ【22】。

　VBの本を続けて読むと、ボタンなどにはすべてプロパティというものがあるらしい。要するに、ボタンの大きさや表示する文字などの属性を設定する項目のようなものだ。プロパティはいっぱいありすぎて、意味不明なものばっかりだ

【22】Visual Basicで扱うコントロールの種類

| コントロール名 | 一般的な使い方 |
| --- | --- |
| ① ボタン | 押された時に処理を動作させる。「OKボタン」、「キャンセルボタン」など |
| ② ラベル | 文字や文章で説明する場合に使用 |
| ③ テキストボックス | 文字の入力用／出力用 |
| ④ ラジオボタン | 複数候補の中から一つだけを選択する |
| ⑤ チェックボックス | 複数の中から二つ以上を同時に選択する |
| ⑥ コンボボックス | 複数の候補から選択する、またはテキスト入力する |
| ⑦ リストボックス | 複数の候補から一つ、または複数個を選択する |
| ⑧ ピクチャボックス | 画像を表示する（下の例ではなし） |

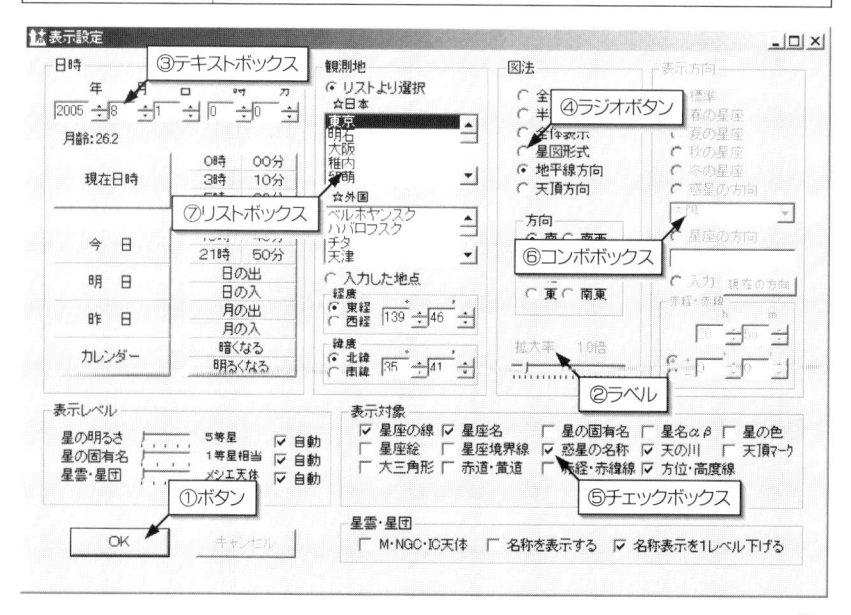

けど、わかる範囲で設定しちゃおう。サクサク【23】。さすがにこのあたりは、Windowsを前提にしたVBだけのことはある。意外と簡単だ。VBちゃん、好きになりそう！

　続けてVBの本を読む。なるほど、ボタンが押された時には「イベント」というものが発生するらしい【24】。どうやら「ボタンが押された」というイベントに対して、処理するプログラムを書くことになるようだ。ふーん、って感じ。

　でも、ここでよく考えてみる……。「ん？」ということは、ボタンなどを作れば作るほど、プログラムをいっぱい記述しなきゃならないってこと？　さっき「簡単、簡単」と言いながらペタペタといっぱい貼り付けたけど、それってムチャクチャ大変になることを意味してるということやんか！

　こういうのを「自分で自分の首を絞める」と言うんだろうか。トホホ。やはり世の中そんなに甘くはなかった。やっぱりVBちゃん、大っ嫌い。でも婚約まで

■プロパティをプログラムで設定

```
frmZuho2.Height = 5000
frmZuho2.Width = 7000
frmZuho2.BackColor = vbRed
```
（frmZuho2というフォームの高さを5000、横幅を7000、背景色を赤色に設定）

■プロパティをVBの作業画面から設定

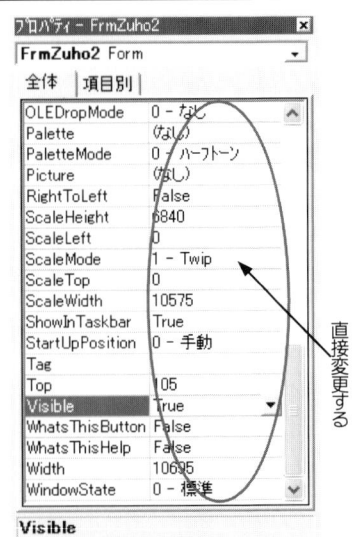

■プロパティの例

| プロパティ | 説明 |
|---|---|
| Height | 高さ（単位はScaleModeによる） |
| Width | 横幅（単位はScaleModeによる） |
| ScaleMode | 大きさの単位を設定。規定値はTWIPSというVB独自の単位。よく使うのはピクセル（ドット単位）。 |
| BackColor | 背景色を設定 |
| Caption | ボタンなどに表示される名前 |
| Enable | 有効／無効を切替え |
| Visible | 表示／非表示を切替え |

【23】プロパティの例と設定方法
　プロパティとは属性のようなもので、フォームやボタンなどのコントロールにはすべてプロパティがある。プロパティを変更することで、見え方や操作の方法を変えられる。プログラムからだけでなく、画面上でもプロパティが変更できるのは非常にありがたい。

■VBプログラムでは

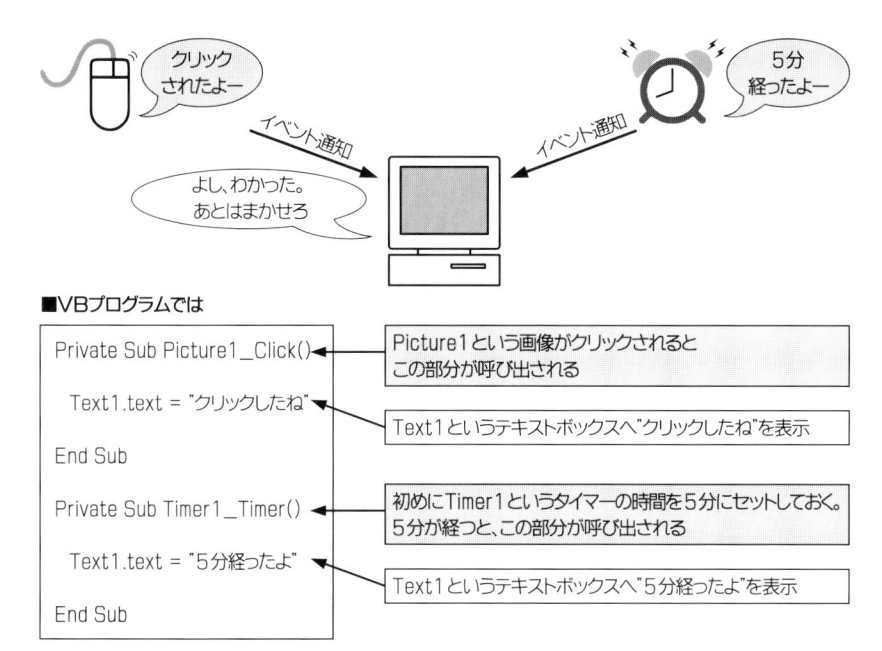

```
Private Sub Picture1_Click()     ← Picture1という画像がクリックされると
                                    この部分が呼び出される
    Text1.text = "クリックしたね"  ← Text1というテキストボックスへ"クリックしたね"を表示
End Sub
Private Sub Timer1_Timer()       ← 初めにTimer1というタイマーの時間を5分にセットしておく。
                                    5分が経つと、この部分が呼び出される
    Text1.text = "5分経ったよ"    ← Text1というテキストボックスへ"5分経ったよ"を表示
End Sub
```

【24】イベント通知とその実際
イベント通知とは、Windows ユーザによってなんらかのアクションが起こされたことが VB プログラムに通知されること。Windowsパソコンを対象とするなら、イベント処理を行うことは必須といってもよい。

してしまった今となっては、そう簡単には別れられない！ その後つるちゃんが、どれほど苦労したかは言うに及びませんね。

　さて、ようやく日付と時間と観測地が設定できるようになったところで、今度は本格的にプラネタリウムの機能アップに挑戦しよう。今のプラネタリウムは星の丸印が出るだけだから、まずは、星座の線が出るようにしたい。星座の線を出すには、星と星とを線で結ばないといけない。当たり前の話なんだけど、はたしてプログラム上でどう実現するか。

　まず、ディスプレイ上での星の位置（X座標とY座標）を、配列と呼ばれる引き出しのいっぱいついた箱のようなものへ、プログラム実行時に一つずつ記憶しておく【25】。そこで、配列の何番目の星と何番目の星を結べばいいのかを、「星座の線データ」としてファイルで持っておくことにする。この方法でいくと、データは2個で一組になる。たとえば、星座の線のデータから3と10というデータを読み込んだら、3番目の星と10番目の星を線で結んでやればいい。線を結

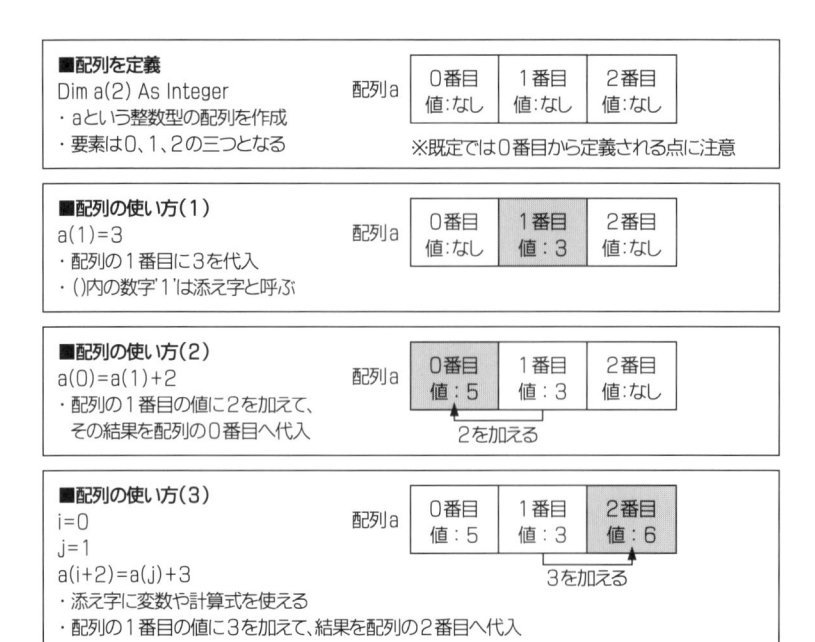

■配列を定義
Dim a(2) As Integer
・aという整数型の配列を作成
・要素は0、1、2の三つとなる

配列a

| 0番目 | 1番目 | 2番目 |
|---|---|---|
| 値:なし | 値:なし | 値:なし |

※既定では0番目から定義される点に注意

■配列の使い方(1)
a(1)=3
・配列の1番目に3を代入
・( )内の数字"1"は添え字と呼ぶ

配列a

| 0番目 | 1番目 | 2番目 |
|---|---|---|
| 値:なし | 値:3 | 値:なし |

■配列の使い方(2)
a(0)=a(1)+2
・配列の1番目の値に2を加えて、その結果を配列の0番目へ代入

配列a

| 0番目 | 1番目 | 2番目 |
|---|---|---|
| 値:5 | 値:3 | 値:なし |

2を加える

■配列の使い方(3)
i=0
j=1
a(i+2)=a(j)+3
・添え字に変数や計算式を使える
・配列の1番目の値に3を加えて、結果を配列の2番目へ代入

配列a

| 0番目 | 1番目 | 2番目 |
|---|---|---|
| 値:5 | 値:3 | 値:6 |

3を加える

**【25】配列の実際**
配列とは同じ型を持つ変数を複数個集め、まとめて扱えるようにしたもの。VBに限らず、配列はどのプログラミング言語でも扱う基本的なものなので、しっかりマスターしておきたいところだ。

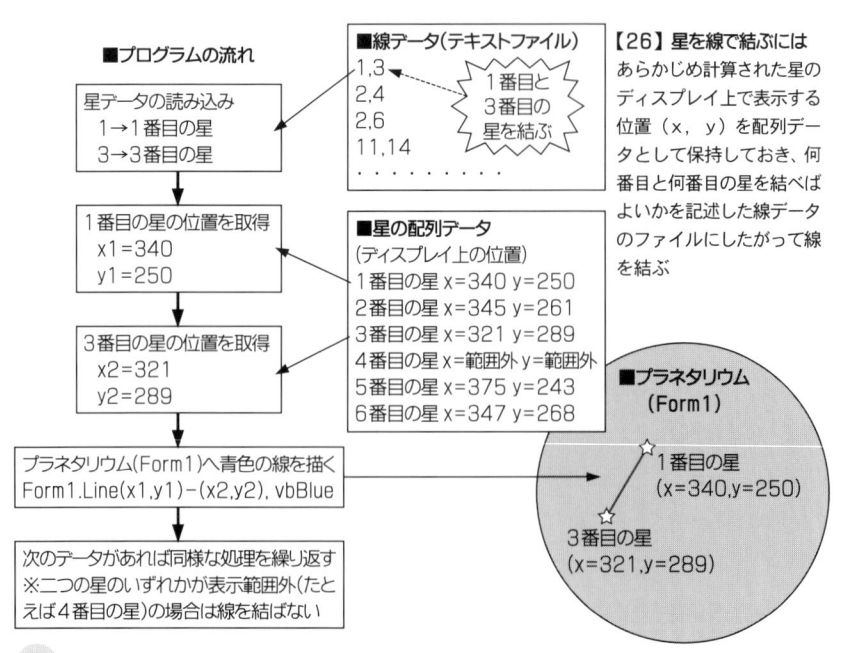

■プログラムの流れ

星データの読み込み
1→1番目の星
3→3番目の星

1番目の星の位置を取得
x1=340
y1=250

3番目の星の位置を取得
x2=321
y2=289

プラネタリウム(Form1)へ青色の線を描く
Form1.Line(x1,y1)-(x2,y2), vbBlue

次のデータがあれば同様な処理を繰り返す
※二つの星のいずれかが表示範囲外(たとえば4番目の星)の場合は線を結ばない

■線データ(テキストファイル)
1,3
2,4
2,6
11,14
・・・・・・・・・

1番目と3番目の星を結ぶ

■星の配列データ
(ディスプレイ上の位置)
1番目の星 x=340 y=250
2番目の星 x=345 y=261
3番目の星 x=321 y=289
4番目の星 x=範囲外 y=範囲外
5番目の星 x=375 y=243
6番目の星 x=347 y=268

**【26】星を線で結ぶには**
あらかじめ計算された星のディスプレイ上で表示する位置(x、y)を配列データとして保持しておき、何番目と何番目の星を結べばよいかを記述した線データのファイルにしたがって線を結ぶ

■プラネタリウム(Form1)
1番目の星 (x=340,y=250)
3番目の星 (x=321,y=289)

ぶのは Line という命令があるから、これを使う【26】。

　ロジックはさほど難しいものではない。シャカシャカと、プログラムができたので、次は星座の線データの作成。まず、星図と星データを見比べる。「この星は配列上では何番目のデータかな」と、一つずつ拾い上げていく。一つ、もう一つ、そしてまた一つ……。ああ、しんきくさ！

　今度は天の川。星図を見ながら、天球上での天の川の座標を調べて、こちらも手入力していく。ああ、なんて地道な作業。天の川の境界となる１点１点を定規で長さをはかって、掛け算や割り算して座標を求めるんやでえ。天の川の境界の点の数をプロットしてみると、全部で2600個。あー、こんなことを2600回もやっていたら、頭がおかしくなる。いや、逆に頭がおかしくないと、こんなバカげた作業はとてもやってられない。ひょっとしたら、つるちゃんはもともと頭がおかしかったのかも（？）。おまけに手入力のしすぎで指が腱鞘炎になりそうだ。でも、これで手入力も得意になったし、会社を辞めたらパンチャー（データ入力専門の人）でもしようかな。

　こんな調子で他のデータも作っていく。とうとう本当に頭がおかしくなってきたようだ。今つるちゃんの頭の中は、ダイアルアップでインターネット接続する時のモデムと同じだ。ピー、ゴー、ガー、ブーン、ブーン……。

　でも、ＶＢの方にはだいぶ慣れてきたので、プログラム作りの効率が以前とは全然違う。相当なペースで星座の線、星座名、星名、星座絵、大三角形、天の川などが次々と表示されるようになっていく。だんだんとプラネタリウムらしくなってきて、つるちゃんも嬉しそう。頭の調子も少し戻ってきたようだ。

　気を取りなおして次は惑星だ。こちらは昔のプログラムの計算式をそのまま使えばいいのだが、これも復習の意味を込めて、最初から作りなおすことにした。紙の上にわけのわからぬ計算式を書きながら、少しずつ作っていく。一つ計算式を作っては確認、また別の計算式を作っては確認。だいぶ手間ひまをかけて、ようやく惑星位置が表示されるようになった。でも精度がイマイチ不安なので、今回は、1900年から2200年の範囲での使用に限定しよう。

> これで一応プラネタリウムの格好がついた。でも、本格的な機能アップはまだまだこれから。つるちゃんの山は果てしなく続いてる……。

## 08 全球プラネタリウムだけじゃつまらないっ

2000年2月中旬～3月下旬

> 全球プラネタリウムはとりあえずできた。でも、つるちゃんは全然満足していない。もっといろいろな図法で星座を見たい。

　ここまで作ってきたのは、丸い円の中に星空を表示させる全球プラネタリウムだった。星空全体の様子を知りたい場合はそれでいいんだけど、「実際に見る時と同じようなイメージで南の空を見てみたい」とか、「惑星の動きを調べたい」とか、「頭の真上方向を見てみたい」とか、いろんなケースがありそう。そして、それぞれに最も適した表示図法があるはずだ。だとしたら、全球プラネタリウムだけじゃつまらないっ。ということで、いろんな図法で星空が見えるようにすることにチャレンジ【27】【28】【29】【30】【31】。

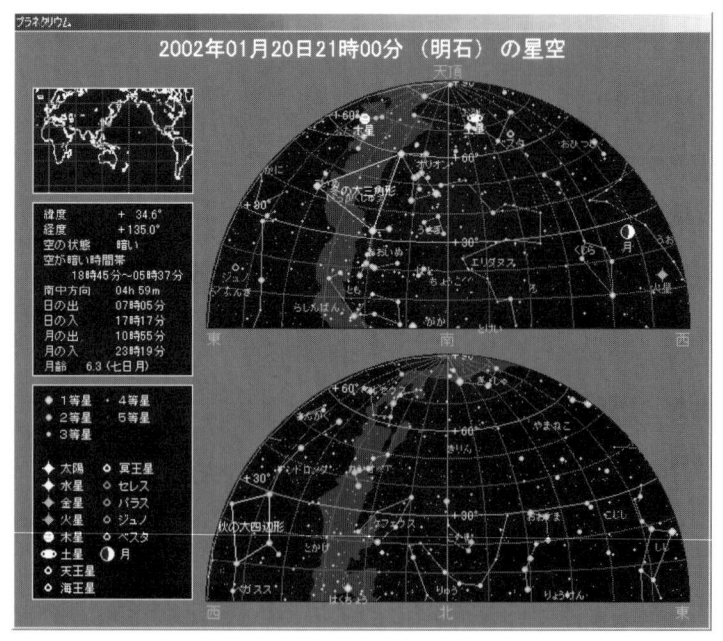

【27】半球プラネタリウムの表示例
ある方角に見える星空を半円形の中に表示するのが半球プラネタリウム。半球プラネタリウムを二つ並べることで、空全体が見えるように工夫した。

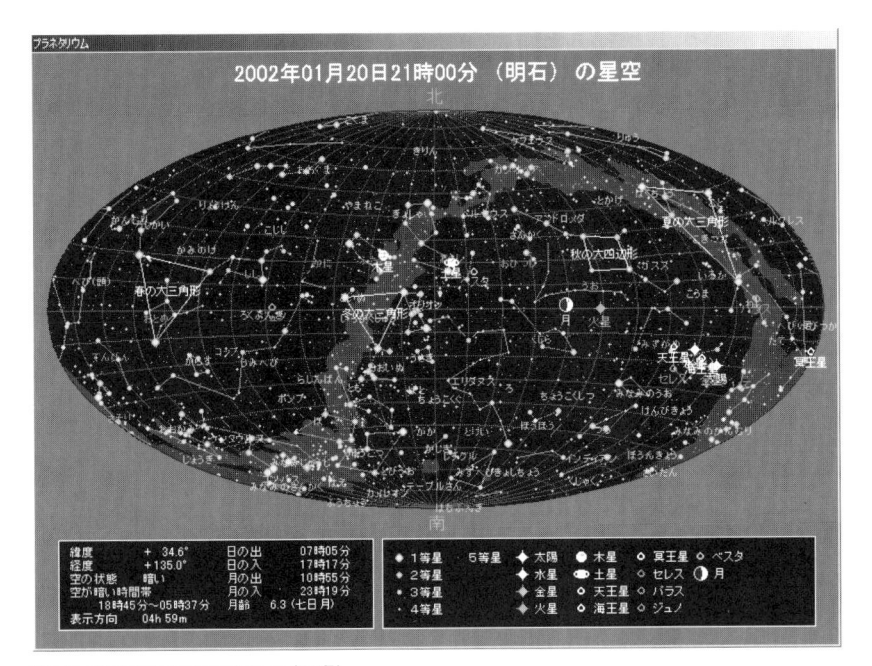

**【28】全体表示プラネタリウムの表示例**
楕円形の中に全天の星をすべて表示する。実は全球プラネタリウムの計算式を、試行錯誤で修正していくうちに完成した。

　まずは、半球プラネタリウムに着手【27】。半球プラネタリウムとは、ある方角の空、たとえば南の空を中心として、半円形の中に星空を表示させたもの。実際に見た星空のイメージに近くて、初めての人でもわかりやすいのが特徴。だから、天文雑誌で今夜の星空を紹介したりする場合などで、半球プラネタリウム形式が使われることが多い。ただし、表示された側と反対方向の半分が見えないのがつらいところ。これは、半球プラネタリウムの宿命とも言える。

　でも、ちょっと待てよ。半球を二つ並べれば、反対側も同時に表示できるやん。それならここでは反対の方向も同時に見えるように、半球を二つ並べてみよう！　やっぱり一つよりも、二つの方がいいでしょ。発想はいいが、プログラムを作り出すと、こりゃあけっこう大変だ。今まで一つしか描かれていない理由がわかってしまったが、時すでに遅し。一つでも大変なのに……、というのがその理由。ガーン！　二つも同時になんかやるモンじゃない。

　星を描くのはもちろん、星座の線を結ぶのも、天の川を描くのも、星座名を

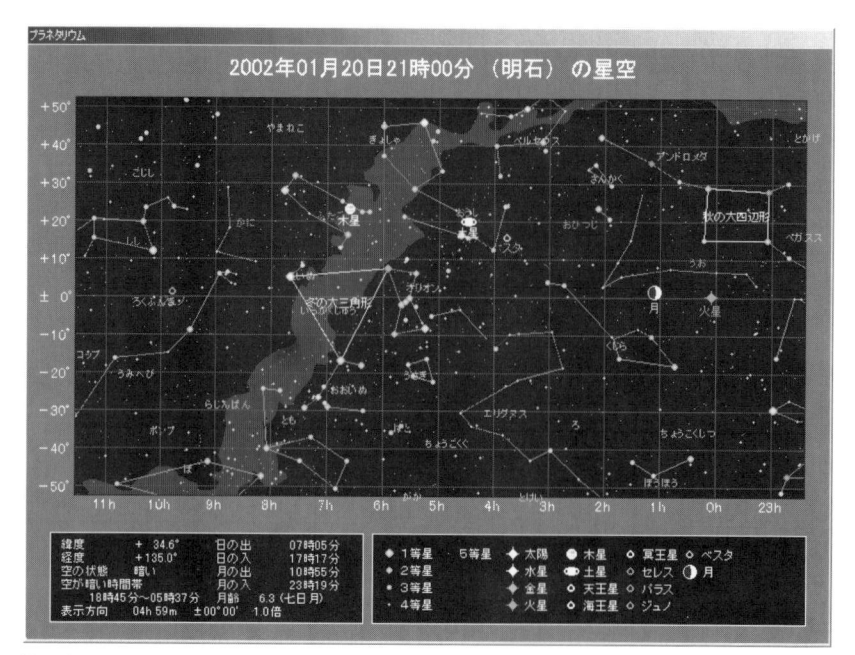

【29】星図形式プラネタリウムの表示例
赤経を水平方向に、赤緯を垂直方向に展開している。単純で理解しやすいが、赤緯の絶対値が大きくなる（画面の上方向か下方向へいく）ほど、ひずみが大きくなってしまう。

　表示するのも、全部２回やらないといけない。当然、星を表示するために持っておく画面上での星の位置も、二重で管理することになる。何をするにも２回やらなくちゃ。プログラムを作る上で一番簡単な方法は、半球プラネタリウム専用のプログラムを作ってしまうこと。でもそれでは、全球プラネタリウム用と半球プラネタリウム用のプログラムを二重で管理しないといけなくなってしまう。はい、ボツ。

　あくまでも、全球プラネタリウムでも半球プラネタリウムでも、両方に通用するプログラムにしないと。Simple is best. やはりここは、いいプログラム作りを目指すつるちゃんの美的感覚かな！？【32】うー、自分で書いていて恥ずかしくなってきちゃった。ポッと顔を赤く染めて、花も恥らうお年頃のつるちゃん。恥ずかしいからか、悩んで頭に血が上ったからか知らないけど、とにかく頬を赤らめながらプログラムをだいぶ改良して、半球プラネタリウムを二つ並べることに成功した。めでたし、めでたし。

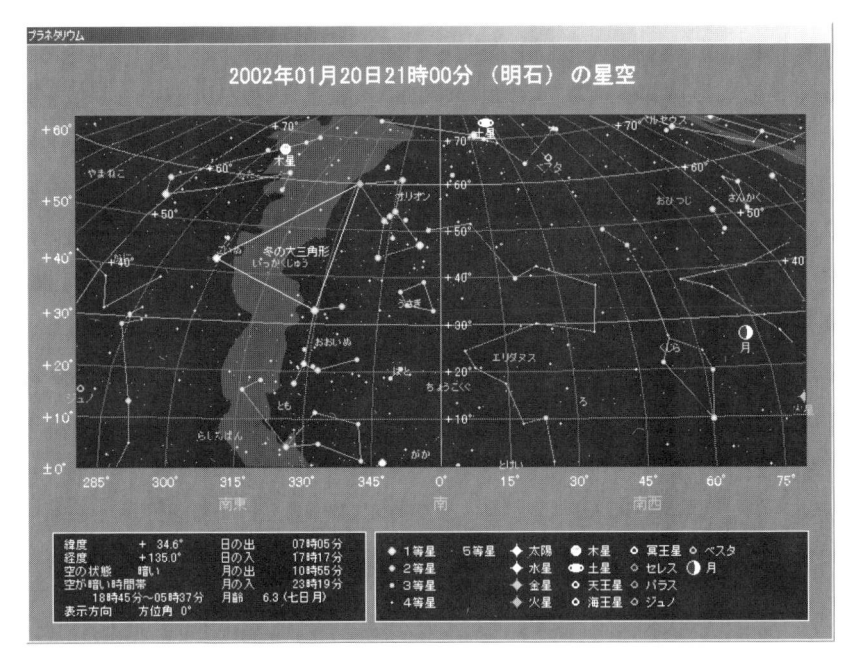

【30】地平線方向拡大の表示例
ある方角の空を拡大して、実際に見た場合に近いイメージで星空を表示する。これも計算式を自分であれこれ修正しながら開発しただけに、お気に入りの表示方法の一つだ。

　次は、全体表示のプラネタリウム【28】。これは、横長の楕円形の中にすべての星を全部一気に表示させるというもの。オールシーズンの星座に加えて、南半球の星座まで全部一度に見てしまおうという、ちょっとぜいたくな表示方法と言える。ところがこれがまた頭を悩ませる。普通に考えたのでは、一番左端付近と一番右端付近の星座の線が、全部は出ない。つまり、端の方の星座の線までキレイに出そうとすると、楕円から少しはみ出して実際には表示されない星の位置まで計算しないといけない。

　でも、この星は本来なら反対側の端の方に表示されるべき星。一つの星が左右両端に2回登場する、ということは……。この場合も、星の位置を2回計算させないといけなくなるということだ。ここは半球プラネタリウムで悩んだノウハウを活用することで一気に解決。ただし、全部の星を表示させる上に、計算も2回することになるから、処理速度が少し遅くなるけどしゃあないなあ。一気に解決などと、口で言えばひとことで片づいてしまった全体表示だけど、これも

——Visual Basic によるプログラム作り—— **45**

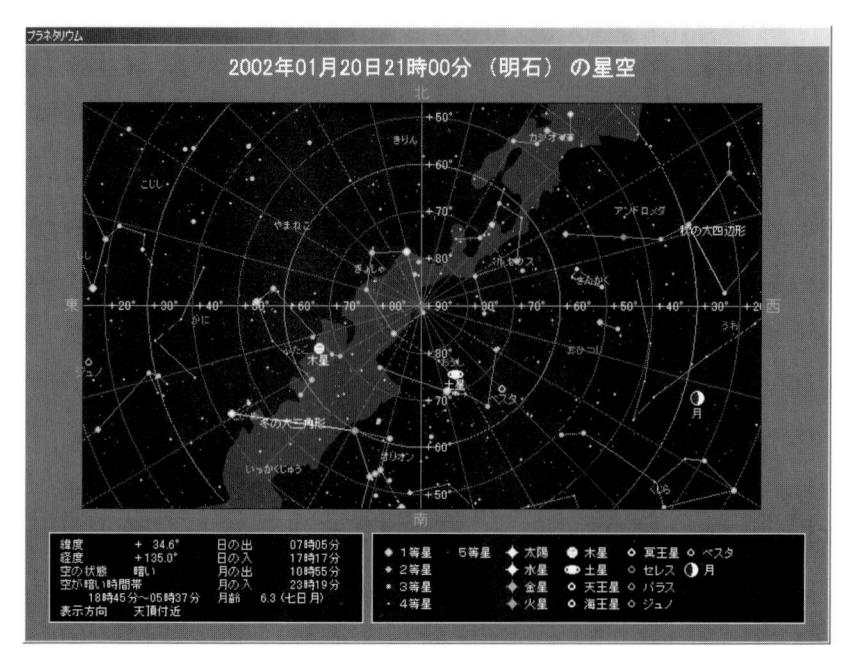

**【31】天頂方向拡大の表示例**
天頂方向の星空を拡大して表示する。実際には全球プラネタリウムの中央部分を拡大しているだけのものだ。

けっこう苦労した。

　次は、星図形式【29】。これは、星の座標を上下左右へ素直にそのまま展開したもの。座標軸は直線だから、これは比較的考えやすい。三角関数なんか使わなくても、足し算と掛け算の世界だけですんでしまう。

　ここはチャッチャと終えるはずだったのに、一つ問題が発生。基準線（座標軸）の表示を方位・高度線にした場合、南中方向以外の方向を表示しようとすると、正しく出ないのだ。またまた頭を悩ませる。そして一つの結論、つるちゃんは頭が悪い。ガクッ。再度悩んでみる。あっそうか。方位・高度の座標変換をする時に、南中方向を表示することを前提にした計算式になっていたからだ。要するに基本的に考え方が間違ってた。再度ガクッ。

　次は、地平線方向拡大【30】。こちらは、半球プラネタリウムの地平線付近を部分的に拡大して、よりリアルに星空を見せるためのもの。でも、単純に半球プラネタリウムの地平線付近だけを拡大すると、狭い領域しか表示できない。な

```
┌─────────────  いいプログラムとは  ─────────────┐
│ ■プログラムを修正する場合、修正箇所が少なくてすむ          │
│ ・変数や定数を使って汎用性を持たせる                      │
│ ・関数や手続きにより処理をまとめる。長々と命令を記述しない。    │
│ ・関数や手続き間のデータのやりとりはパラメータ渡しにする       │
│ ・関数や手続きは「これは○○をする処理」と、ひとことで言える    │
│ ・大域変数(Public変数)は極力使用しない                   │
│ ・などなど                                          │
│                                                  │
│ ■他の人が見てもわかりやすい                            │
│ ・変数名はわかりやすくする(意味のわかる単語にするなど)       │
│ ・プログラムにタブを挿入して段差をつける                  │
│ ・コメントを挿入しておく                              │
│                                                  │
│ ■使用者が直感的に操作できる                            │
│ ・ボタンなどの配置位置に気を配る                         │
│ ・表示文言をよく検討する                              │
│ ・必要に応じて操作画面へ説明文を挿入する                  │
│                                                  │
│ ■異常終了しない、正しい結果を返す                       │
│ ・これが一番難しいが、思いつきでプログラムを作るのではなく、    │
│  全体をよく考えてから作る                             │
└──────────────────────────────────┘
```

【32】いいプログラムとは？ プログラミングの心構え
いいプログラムと悪いプログラムとでは、将来のメンテナンスのしやすさが大違い。「コレを直すと、ココにもソコにも影響が出る」、「計算式を一つ変えようとすると、5か所もプログラム修正が必要だ」などは悪いプログラムの典型。

んとか、もう少しワイドに見えるようにしたい。どうすればいいのか、一休さんのように、ちょっと真剣に考える。ポン、ポン、ポン、……、……、チーン。答えが出た！ 拡大する部分は半球プラネタリウムの計算式を使い、ワイドに表示する部分は全体表示の計算式を使って、二つをミックスすればよさそう。計算式を少しいじってみる。結果は良好で、グッとワイドになった。うん、うん、なかなかいいねえと自分で納得。

　最後に天頂方向拡大【31】だが、これは、地平線方向拡大では見ることができない、天頂部分（頭の真上方向）の星空表示を補うためのもの。これはポン、ポンと考えるまでもない。全球プラネタリウムで使った計算式を使って、全球プラネタリウムの中央部分だけを拡大してやれば問題なし。ノープロブレム。

　　　⎡ よっしゃあ。これでいろんな図法で星座を表示させられるよ ⎤
　　　⎣ うになったぞ。つるちゃんノリノリの絶好調！           ⎦

## 09 そして再度の機能アップ
2000年4月〜7月

> プラネタリウムの基本機能は完成した。これからは機能アップにつぐ機能アップに取り組むぞと、ハリキルつるちゃんで〜す。

　以前に、天文雑誌で見かけた天文ソフト紹介のページで、星座の境界線が描かれているのを見たことがある。あれはなかなかカッコ良かったなあ。まずは星座の境界線を表示させることに取り組もう！

　それには、まずデータを探さなきゃ。以前に見つけた例のダウンロードサイトをゴソゴソと探す。ほどなく星座の境界線データらしきものが見つかった。さっそくデータをダウンロード。

　それからは、例によって英文の解読。うーん、やっぱり英語はいやだ。データの中身は星座名、境界線の座標など単純なものだ。しかし、一つだけよくわからない項目がある。なんだか重要っぽい雰囲気。でも悲しいかな、それが何なのかを理解できない（結局、今でもわからないまま！）。ええいっ、そのままいっちゃえ。すると、意外にも境界線らしきものが表示されるようになった。わたしい、なんだかあ、よくわかんないけどぉ、まぁいいっかぁ、て感じぃ〜……。

　ははは。さて気を取りなおして、次は食現象の機能追加。食現象とは、ある天体が別の天体を隠す現象のことで、日食や月食などの総称。これがまた想像を絶する大変さで、アホなことを言っているような余裕は全然ない。日食、月食、日面通過（水星または金星が太陽面上を通り過ぎていく現象）に、星食（恒星などが月に隠される現象）と、それぞれプログラムが全部違う。

　たとえば、食の開始終了時刻の求め方にしても、食の状態表示の方法にしても、それぞれの考え方が違う。これらは、つるちゃんの美的感覚だけでは、一つのプログラムにはまとまらない。おまけに、観測地を1か所から8か所まで設定できるわ、スライドショー（時間を連続的に変化させながら8個並べて表示する【33】）表示もできるわ、食の最大となる時刻を勝手に計算してくれるわで、機能が盛りだくさん。その分こちらも全部プログラムを作らないといけない。見か

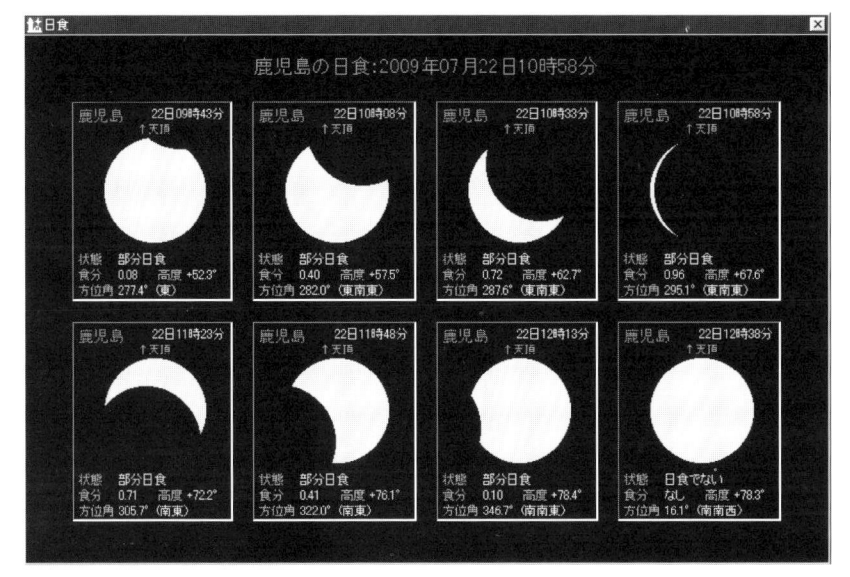

**【33】食現象スライドショーの表示例**
日食などの経過が一目でわかるので重宝するかなあと思って作ってみた。自分ではなかなか気に入っているが、そういうものに限って作るのに苦労した場合が多い。

け上は一つの画面なんだけど。一つの画面であれもこれもやるのが大変なことは、身にしみてわかっているはずなのに……。

　おまけに、次回の食の日時を求める計算プログラムを、今にも匂ってきそうな臭い方法で自分で作った。あー臭っ。ロジックが臭い上に計算速度も遅い。でもムッチャ役立つし、愛着があるんだよなあ、これが。出来の悪い子ほど可愛いとはこのこと？　まあ、所詮は素人のすることやん。臭いけど答えが出ればそれで良しとしておこう。妥協も必要なんやでと、言い訳をする。こうして、見かけはカッコイイけど、中身はムッチャ臭い「次回検索ボタン」ができてしまった【34】。とにかく、あ〜疲れた。

　しかし、疲れてばかりもいられない。ここからはもう一つ大変なことが待っている。ある面、プログラム作りよりもこっちの方が大変かも。

　それはテ・ス・ト。いやな響きの３文字だ。テストは真剣にやればやるほどバグ（プログラム上の誤り）が出て、プログラム修正が増える。テストとは、まさに自分で自分の首を絞めるようなものだ。自分に対してソフトクリームよりも甘いつるちゃんにとってはツライところだ。

皆さんは［ソフト開発 ＝ プログラム作り］と思われているかもしれない。でも、実際のソフト開発はプログラムを作るだけじゃない。考え方はいろいろあるけど、プログラム開発を大きく分けると次の4段階からなる【35】。

① 構想を練る
② プログラム作成
③ テスト
④ リリースの準備

この流れに沿って開発を進めるのが普通だけど、いい加減なつるちゃんは［① 構想を練る］の部分は、プログラムを作りながらのこともしばしば。これからしようとするテストは、この流れの中の第3段階になる【36】。

テストパターンを考えるが、組み合わせを考えるだけでも大変だ。え〜っと、月食で、観測地を2か所設定して、次回検索ボタンにより次回の月食の日付を求めて、食最大時の時刻設定を選んで、スライドショー表示をして、設定時刻の前後の様子を表示する、とした場合。これで1パターンだ。

すべてのテストパターンを考えると、組み合わせの数だけどんどんと掛け算をしていくので、文字どおり天文学的な数字になってくる。とてもじゃないけどひとりで全部テストするのは無理やでえ。おまけに、これを操作して次にあれを操作

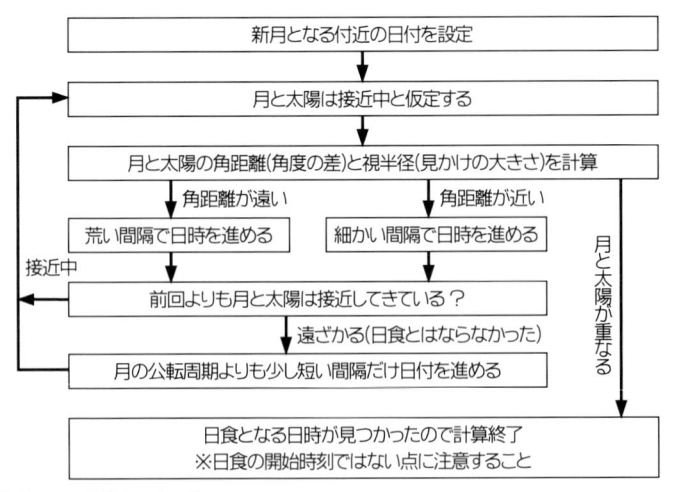

```
┌─────────────────────────────────────┐
│     新月となる付近の日付を設定          │
└─────────────────────────────────────┘
              ↓
┌─────────────────────────────────────┐
│     月と太陽は接近中と仮定する          │
└─────────────────────────────────────┘
              ↓
┌─────────────────────────────────────┐
│ 月と太陽の角距離(角度の差)と視半径(見かけの大きさ)を計算 │
└─────────────────────────────────────┘
       ↙角距離が遠い    ↘角距離が近い
┌──────────────┐  ┌──────────────┐
│荒い間隔で日時を進める│  │細かい間隔で日時を進める│
└──────────────┘  └──────────────┘
接近中         ↓
┌─────────────────────────────────────┐     月
│    前回よりも月と太陽は接近してきている？  │     と
└─────────────────────────────────────┘     太
       ↓遠ざかる(日食とはならなかった)            陽
┌─────────────────────────────────────┐     が
│ 月の公転周期よりも少し短い間隔だけ日付を進める │     重
└─────────────────────────────────────┘     な
              ↓                              る
┌─────────────────────────────────────┐
│   日食となる日時が見つかったので計算終了    │
│   ※日食の開始時刻ではない点に注意すること   │
└─────────────────────────────────────┘
```

【34】次回の日食検索の考え方
日食は新月にしか起こらないので月の公転周期を利用している。しかし、もっと速く検索できるロジックが他にあるはず。天文計算の素人が考えた一つの例という程度にとどめておいてほしい。

した場合にだけ表示結果がおかしくなる、といったケースもよくある話だ。どんなテストパターンで効率よくテストをするのか、これが勝負！ つるちゃんの表情も険しくなる。「キャー、りりしい横顔のつるちゃん、こっち向いてぇ〜」。いやあそれほどでも、照れるなあ……。

　さて、どうやってテストするか。まず第一段階として、よく使いそうな操作からテストしよう。またいやな予感が漂ってきたぞ〜！ あまり気が進まないけど、テストを開始。

　あ〜っ、予想どおりボロボロ状態。日食の欠け際の方向が逆に出るわ、時間が間違っているわ、次回検索ボタンを押しても素通りして何も表示されないわで、ヒドイもんだ。バグが出るたびにプログラムを修正する。でもプログラムを修正したことで、さっきまで動いていた部分がダメになることも。そうなると、

```
             プログラム開発の流れ

■構想を練る（仕様を決める）
・このフェーズがいい加減だと、結果的にツギハギだらけのプログラムが
  できてしまう可能性が高い
・どんなプログラムを作りたいのかをハッキリさせる
・入力画面でユーザに何をどのように入力してもらうか
・結果出力画面で何を、どこに、どのように表示するのか
・計算が必要な場合は、あらかじめ考え方の図や計算式を紙などに書いておく
                    ↓
■プログラム作成（製造）
・構想で考えたとおりにプログラムを淡々と作る（淡々と進めばいいんだけど？）
・仕様を変える場合は前の「構想を練る」のフェーズに戻って、
  他の部分へ影響がないかをよく考えること
                    ↓
■テスト（試験）
・プログラムの一部が部分的に正しく動作するかを確認する
・ある一連の処理が全体的に正しく動作するかを確認する
・総合的にいろいろな角度から動作させてみて確認する
                    ↓
■リリースの準備
・マニュアル類を作成する
・配布用のファイルを作成して、インストール動作を確認する
・機種やOSを変えてインストールやプログラムの動作を確認する
```

【35】プログラム開発の流れ
個人が趣味でやるような範囲では、あまり関係がないかもしれないが、プログラム開発はキッチリと段階を分けて進めた方がよい。チョット反省？

テストは一からやりなおしとなる。ひぇ〜、勘弁してくれ〜。

りりしい横顔だったはずが、ゆがんだ横顔に変わってきた。バグを見つけてはプログラムを修正してテスト。別のバグを見つけてはプログラムを修正してテスト。そんなことを繰り返しているうちに、バグがだんだんと少なくなってきた。ヤレヤレ、第一段階はようやく終了。

それじゃあ次は、テストの第二段階。ここではいろんな操作を組み合わせながら、連続させてテストする。こちらもやはりボロボロ。もういい加減にイヤになってきたが、プログラムをインターネット上で公開してからバグを出さないためにも、ここは踏ん張りどころだ。

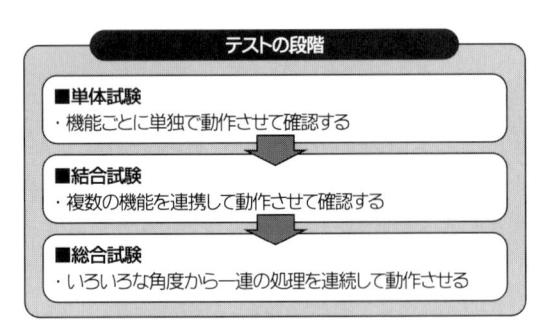

### テストの段階

**■単体試験**
・機能ごとに単独で動作させて確認する

**■結合試験**
・複数の機能を連携して動作させて確認する

**■総合試験**
・いろいろな角度から一連の処理を連続して動作させる

### テスト項目の決め方

**■通常のテスト(正常系テスト)**
・スムーズに処理が流れていくことを想定してテスト項目を決める
・まず、よく使用する使い方をテスト項目に挙げる
・次に、あまり使用しない使い方をテスト項目に挙げる
・組み合わせテストパターンは山のようにできるはず。どうやって効率的にテストするかがポイント
・処理プログラムに注目する。一つの命令文は一つのデータがOKなら他のデータでもOKとなるのがプログラムというもの。無駄なテストはしないように

**■意地悪テスト(異常系テスト)**
・想定とは違った型のデータを入力をする
　→数字項目へ文字を入力するなど
・ありえない範囲のデータを入力する
　→2月30日を入力するなど
・あるはずのデータがなかったと仮定してテストする
　→星座選択の場面で星座を選択しないでOKボタンを押すなど

**【36】テストの進め方**
ある意味で、テストはプログラム作りよりも大切かもしれない。テストのやり方が悪いと、バグだらけのプログラムが完成品となって世に出まわってしまう。恐ろしい話だ。

そして、最終段階では意地悪テスト。たとえば、日付などの数字の入力部分へ英字の'A'を入力したり、こんなところで絶対に押すはずのないボタンを押してみたり……。正直いってこれが一番難しい。頭をひねって意地悪なパターンを考えてみるんだけど、自分で作ったプログラムがかわいいモンだから、意地悪になりきれないんだよね。ああ、つるちゃんのお人よし。でも、ここは心を鬼にしなければいけない。つるちゃんに意地悪な炎がメラメラと燃え上がる。

　結局、そんなこんなで、食現象だけで1か月半以上を費やしてしまった。プログラム作りではいつも苦労してるけど、食現象はムッチャ苦労したから、プログラム公開時にはシェア版対応（有料プログラム）にさせてもらおう。

　その後は、天文計算機、水星・金星・火星の形、惑星の経路表示に流星情報。そして、クリック検索や星座の検索に10等星データの表示などなど、気が遠くなるような作業が続く。いつ果てるとも知れない作業。おまけにバグが出るわ、出るわ。まったく、バグを作るためにプログラムを作っているようなモンだ。ああ、ホント気が遠くなってきた。

> さすがのつるちゃんも機能アップのしすぎでクラクラ状態。そこへまたまたトラブル発生！　もうアカン。

## 10 大トラブル発生！ まる1週間悩む

2000年7月

> 機能アップのしすぎで、すっかりまいってしまったつるちゃん。そこへ大きなトラブルが発生。ある星の出没時刻が00時00分と表示されるのだ。これはちょっと大変そうだぞとイヤな予感が漂う。

　悪い予感は見事に的中。ああ、やっぱり原因は出没時刻計算の中枢部分だ。ここは以前からガンで、チョコチョコと改良をしてきていた。出没時刻が絶対に存在する場合で、恒星のように、天球座標に対して動かないものだけを対象に考えるなら、出没時刻計算も簡単だ。でも実際には、たとえば、極地方の白夜のことを考えると、日の出・日の入り時刻はない。また、地球に接近した動きが速い彗星の場合は、座標がどんどんと変わっていくので単純にはいかない。

　そんなわけで、以前は1分間隔で天体の高度を計算し、1分前の高度の符号が違っていれば日の出や日の入りの時刻としていた。ああ、我ながらナント臭いロジック。ユーザには直接見えない計算の部分とはいえ、あまりにも臭すぎるし時間がかかってしまう。これではいかんと、ちょっと前に計算を速くするための改良を加えたところだ。でも、出没時刻が求まらなかった場合には「なし」と表示されるはずなのに、なぜ00時00分と表示されるのか。さっぱりわからん。はあ～っ。考えなおしてみても、やっぱりわからん。はあ～っ。悩みに悩む。

　何か思わぬ結果が表示されることはよくある話だけど、その場合は当然のことながら、原因が何なのかを突き止めなきゃいけない。普段ならば「だいたいこのあたりがヤバそうかな」という勘が働いて、なんとか原因にたどり着く場合が多い。でも、今回は思い当たることは全部あたってみた。それでもやっぱりわからないんだよなあ。さあつるちゃん、どうする？【37】

　こうなったら最後の手段。プログラムがどの部分まで正しく動いているかを、最初から順番に調べていくしかない。VBの場合は、ブレークポイントというものを設定できる。つまり、プログラムが動作してブレークポイントまでくると、自動的にプログラムは一時的にストップする。ここでありがたい機能がある。プロ

```
┌─────────────────────────────────────────────┐
│          ■■■■ バグ取りの心得 ■■■■              │
│  ┌───────────────────────────────────────┐  │
│  │ ■直感を大切に                          │  │
│  │ ・プログラムを作った本人にしか働かない直感が働くはず │  │
│  │ ・とはいえ、あまり直感にこだわりすぎるとダメな場合もある │  │
│  └───────────────────────────────────────┘  │
│  ┌───────────────────────────────────────┐  │
│  │ ■考えとプログラムが一致しているか        │  │
│  │ ・自分の考えたことと、プログラムとがマッチしているかを見なおす │
│  │ ・プログラムへ自分の考えが正確に反映できていない場合が多い │
│  └───────────────────────────────────────┘  │
│  ┌───────────────────────────────────────┐  │
│  │ ■初めの考えは正しいか                    │  │
│  │ ・自分の考えた初めの考え方が正しいか、もう一度見なおしてみる │
│  │ ・単に自分の考え違いである場合も多い      │  │
│  └───────────────────────────────────────┘  │
│  ┌───────────────────────────────────────┐  │
│  │ ■ブロック単位での検証                    │  │
│  │ ・関数やプロシージャ単位での動作を確認する │  │
│  │ ・これを繰り返して原因箇所を絞り込む      │  │
│  └───────────────────────────────────────┘  │
│  ┌───────────────────────────────────────┐  │
│  │ ■最後の手段は……                         │  │
│  │ ・自分がパソコンになったつもりで1行ずつプログラムを追っていく │
│  └───────────────────────────────────────┘  │
└─────────────────────────────────────────────┘
```

【37】バグ取りについて
いかに効率よくバグ（プログラム上の誤り）を取るかは永遠の課題。まさに試行錯誤の連続だ（いい方法があれば私も聞きたいくらいですよ……）。

グラムの変数の上にマウスカーソルを合わせると、その時点で代入されている変数の値が表示されちゃう。ナント便利な！　昔なら夢のような話で、今まさにつるちゃんのためにあるような機能ではないか【38】。

　ということで、ブレークポイントをプログラムの要所にセットして原因を調べていく。プログラムがブレークポイントへきて一時的に止まると、変数をチェック。だいたいこんな数値でよさそうかなあと、ここらあたりは、けっこう勘頼みだ。よし、ここまではOKなようだ。次のブレークポイントをセット。そして再び変数をチェック。何度も同じ作業を繰り返す。そのうち、「おや？」と思うところに行き当たった。出没時刻判定条件に引っかからずに素通りしてしまっているではないか。そうか、原因は、計算を速くするために導入したロジックが根本的に間違っていたのだ。ここまでで3日を費やしてしまった。

　アラララ、これは大変、また最初から考えなおしだ。どうすればよいか。計算が速くすみそうな方法は何通りか思いつくが、将来は別の惑星での出没時刻も計算させたいと思っている。だから、地球でしか使えないロジックはやめてお

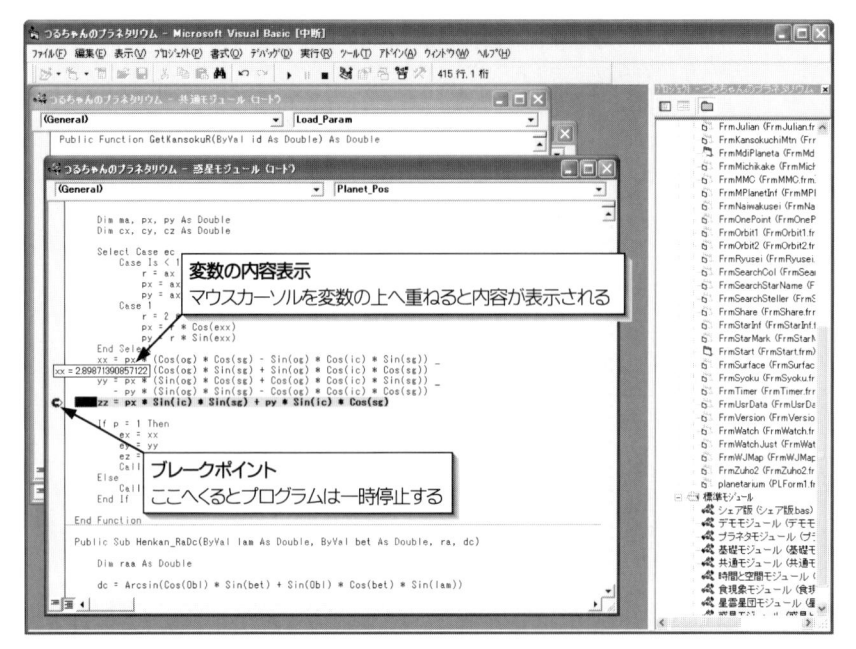

**【38】Visual Basic でのバグ取り**
VBはブレークポイントが設定できるので、バグ取りが非常に楽。ブレークポイントでプログラムを一時ストップさせて、マウスカーソルへ変数の値を表示させるやり方を一度覚えると、もうもとへは戻れない。

　こう。結局、1分間隔ではなく、もう少し幅を持たせた時間でいったん出没時刻を求めて、そこから何度かに分けて範囲を狭めていくやり方にした。こうすると、出時刻≒没時刻の場合には対応できないけど、そんなに多くある話ではない。細かいことはヤメ、ヤメ、つるちゃん得意の妥協策でいこう。ということで再度プログラムを組みなおす。

　こんなことばっかりもうイヤ！　なんでつるちゃんは、こんなに悩まなきゃならないんだろう？「そうだ、あの時パソコンさえ買わなければ、パソコンを買いさえしなければ、こんなに苦労せずにすんだのに」。出会いは愛の始まりだと思っていたけど、実は出会いは後悔の始まりなのかも。ここは気力だけで、原因調査を含めて1週間もかかって直しきった。もうイヤ！

[　　　　いつになく弱気で投げやりなつるちゃん。　　　　　　　]

## 11 モード作りで四苦八苦
2000年8月～9月

> トラブルで落ち込んでいたつるちゃんだが、直ってしまえばまた元気が出るというもの。以前から少しずつ作りかけていた「モード」の作成に本格的に取りかかる。

　ここまでは、地球上から見た星空をプラネタリウム表示することに力を注いできた。ちょっと注ぎすぎたかな？　でも、そのかいがあって内容もだいぶ充実してきて、つるちゃんはそれなりに納得している。とはいいながらも、まだ不満な点もある。それは、現在の地球から見た星空しか表示できないこと。

　もうそれ以上、ええんとちゃうの？　いやいや、ここはやはり大昔の星空や別の恒星から見た星空を再現して、皆をあっと言わせたい。モードを作ってこれらを実現するぞ！

　まず手始めは、過去・未来モード。実は、夜空の星座は長い年月が経つと、少しずつその位置や形を変えていくのだけど、これには大きく言って二つの原因がある【39】。

■歳差運動とは
- 回転するコマの軸がぶれるように、地球の自転軸の方向は約2万6千年の周期で移動していく
- 現在の北極星も将来は北極星でなくなる

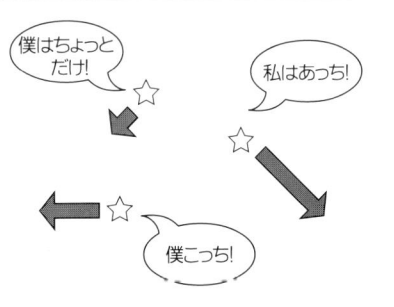

■恒星の固有運動とは
- 太陽を含め、すべての恒星は銀河系の中心を回転している。これが主因となり、長い年月が経つと、恒星はバラバラな方向へ移動していく

【39】歳差運動と恒星の固有運動
非常に長い目で見ると、歳差運動と恒星の固有運動によって、星の位置や星座の見え方は、次第に変わってくる。

一つは、歳差運動と呼ばれるもので、地球の自転軸が２万６千年の周期で首振り運動をしている現象。そのため、現在の北極星が北極星でなくなってしまう日がやってくる！　ウソのような本当の話。

　地球の自転軸の方向が、何年後にどちらの方向を向いているかは、専門書を見ればその計算方法がのっている。それさえわかれば、あとはこっちのモンだ。その方向へ全部の星の座標をクリッ、クリッ、と回転させてやれば、OKだ。何やら難しそうに思うかもしれないけど、行列による一次変換を使えば簡単にできてしまう。そう、高校の数学の教科書にものっているあの一次変換だ。

　そして、もう一つは固有運動と呼ばれるもの。ほんの少しずつだけど、星たちは勝手な方向へそれぞれが移動している。この主な原因として、太陽をはじめとした銀河系の星たちは、銀河系の中心を長い周期で回っていることが挙げられる。こちらは星のデータの中に、星の移動の成分を取り込んであるから、球面上で移動成分×年数分だけ星を動かせばよい。これもクリッ、クリッの回転でOK！

　過去・未来モードでは、これら二つの動きを計算させる。さっそくクリッ、クリッのプログラムを作成。でも、プログラムの結果の方は「アレッ？」「アレッ？」星座境界線が過去・未来になっていない、天体を検索したらとんでもない方向を表示する、などなどお粗末な状態。まあ、プログラムを作るとトラブルはつきもんだから……。つるちゃん、ちょっと開き直り。

　次は、別の恒星モード。これは、別の恒星から見た星座の形を表示するもの。

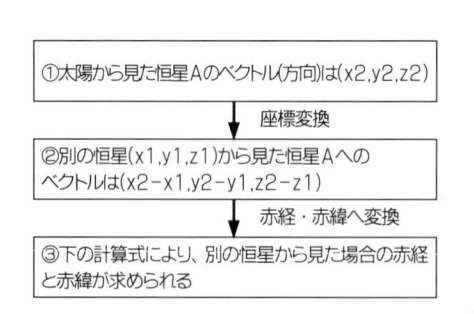

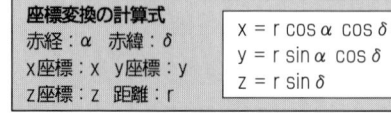

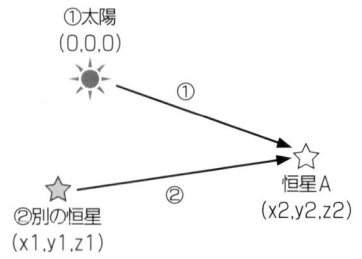

①太陽から見た恒星Aのベクトル(方向)は(x2,y2,z2)

↓座標変換

②別の恒星(x1,y1,z1)から見た恒星Aへのベクトルは(x2-x1,y2-y1,z2-z1)

↓赤経・赤緯へ変換

③下の計算式により、別の恒星から見た場合の赤経と赤緯が求められる

座標変換の計算式
赤経：$\alpha$　赤緯：$\delta$
X座標：x　y座標：y
Z座標：z　距離：r

$x = r \cos\alpha \cos\delta$
$y = r \sin\alpha \cos\delta$
$z = r \sin\delta$

①太陽 (0,0,0)
②別の恒星 (x1,y1,z1)
恒星A (x2,y2,z2)

【40】別恒星への座標変換
ベクトルの考え方を使うと、別の恒星から見た星空へ簡単に変換できる。別の恒星から見た星空を眺めることができるなんて、パソコンプラネタリウムの醍醐味だと思う。

「へーっ」と思うかもしれないけど、実は、今つるちゃんが作ろうとしているモードの中では一番簡単なのだ。ここでは星までの距離が計算に必要となるので、星までの距離の項目を星データへ追加しておこう。以前に作ったＶＢの星データ作成プログラムを、サクサクッと改良してできあがり。つるちゃんのＶＢプログラミングも上達したもんだと、ちょっと自分で感心する。

　次に、別の恒星から見た星の位置の計算方法だが、まずは太陽を原点とした星の座標を求める。次に、別の恒星から見たベクトルに引きなおして、このベクトルの座標軸との角度を求めれば、それでおしまい【40】。これもそれなりの苦労はあったけど、別恒星への座標変換の部分さえしっかりしておけば大丈夫。オッケ〜、オッケ〜。

　次は、別の惑星モード。これは、別の惑星から見た星空を再現するもので、これもつるちゃんが独自に開発した。だってつるちゃんが知っている限りでは、他の惑星から見た星空なんて、今まで見たことないから。惑星の自転軸の方向がわかりさえすれば、とりあえずはその惑星の星空は表示できる。ここまでなら過去・未来モードの歳差運動の場合と考え方は同じで、クリッ、クリッと全部の星を回転させればよい。でも、惑星の自転データの収集不足のため、水星、金星、火星以外の惑星は自転の計算がいい加減。まあ、別の惑星なんて誰も行ったことないんだから、誰もわからへんわ！　ホンマにいい加減なつるちゃんだ。

　ここまでしたら、やっぱり別の惑星の自転による星の動きを見てみたい。つるちゃん自身も興味津々。そこで、別の惑星の自転による星空シミュレーションを作ることにする。惑星の自転周期（惑星の１日）はまちまちだから、動かす時間の間隔は惑星ごとに設定していく。設定した間隔だけ時間を進めてから、星の位置を計算してプラネタリウムを再表示するようにプログラムを作っていく。

　そして、ほどなく完成。自転の向きが地球とは逆向きと言われている金星の自転をシミュレーションしてみよう。ワクワク、ドキドキ。初めて好きな人とデートする前のような心境だ。わおうっ、西から昇ったお日様が東へ沈んでいく！これはもう、バカボンのパパの世界だ。さすがのつるちゃんも、すっかり感動モード。こんな光景を目の当たりにするのは、日本でつるちゃんが初めてかも！？

　他の惑星の星空シミュレーションができて、すっかり浮かれているつるちゃん。しかし、幸せな日々は長くは続かなかった。まるでドラマのような言いまわしだ

けど、これはつるちゃんのプログラム作りの話。そして、つるちゃんの人生の方も幸せな日々は……。エ〜ン（泣）。

それはともかく、大変なことには慣れっこになっていたつるちゃんだが、ここからが超大変。

何が大変かというと、惑星上での天体の出没時刻計算だ。これはホント苦労のかたまり。何しろ自転の周期が惑星によってまちまちな上に、自転の向きもまちまち。簡単にいきそうにないことは容易に想像がつく。でもこの時のために、地球上での出没時刻計算ロジックを、他の惑星の場合に拡張しやすいように作っておいたはずだ。といっても、そう簡単にはいかないのがこの世の常。実際に計算させてみると、とんでもない日時が出てくるではないか。そうかと思えば、今度は計算すらしてくれへんでえ。一体どうなってんの？ 感動モードから一転して、今度は発狂モードだ。個人で天文プログラムを作るには限界があるなあ。

思いっきり苦労したけど、水星、金星、火星以外の惑星はデータ不足なため、自転の計算がいい加減。当然出没時刻の方もいい加減だ。これではお金はもらえないのでフリー版対応にしよう。苦労したけどみんなに見てもらえりゃ、まあいっかあ〜。

最後は小惑星モード。こちらは7300個の小惑星をはじめ、周期彗星と太陽系深宇宙（太陽系内にある非常に遠い場所）の天体を同時表示するもの。

まずは小惑星のデータ集めから始めようか。例のサイトからデータをダウンロードして、得意のVB加工【41】。この部分だけはすっかり得意になった。でも他の部分は相変わらず？

それから、彗星と太陽系深宇宙の天体のデータも集めなきゃ。ちょっと天文関係の本をのぞいてみる。それらしいデータをすぐに発見。件数的には500件くらいだから、大したことはないかも。

ところがそう思ったのが失敗だった。ちょっとだけ手入力してみると、項目数が多くて予想以上につらい。しかし、せっかく入力したんだから、もう少しだけ入力してみよう。そして、またもう少しだけ……。そうこうしているうちに、もう後へは戻れなくなってきた。こうなったら意地でも入力してやる！ アホ丸出しのつるちゃんだ。ダウンロードサイトからデータを探してダウンロードした方が、

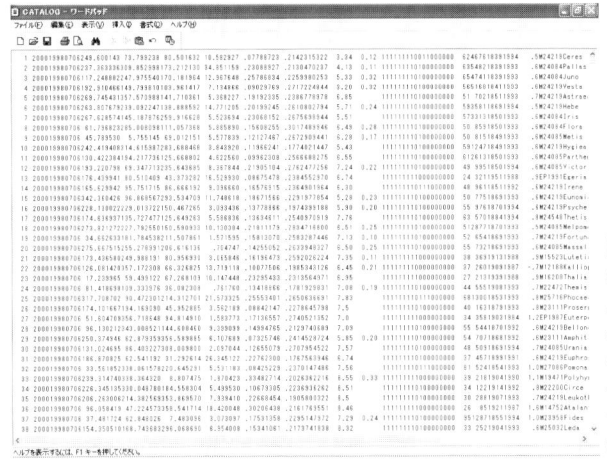

**【41】小惑星データの例**
ほとんど数字の羅列にしか見えないかもしれないが、小惑星の軌道を特定するための軌道要素をはじめ、明るさを計算するパラメータや名前などのデータも含まれている。

　よっぽど速くて正確なのに。おまけに、手入力のしすぎで中指が少し痛くなってきた。もうこれはイカンと思ったところで、ようやくデータ入力が終わった。あ～よかった、でもちょっと反省。小惑星と周期彗星と太陽系深宇宙の天体の位置計算の方は、基本的に惑星の場合とほとんど同じだから、こちらは問題なしだ。
　モード作りもずいぶんと苦労したけど、モードができたおかげで、個人作としてはなかなかすごくなってきた。よし、もうひとがんばりや。

「つるちゃんのプラネタリウム for Windows」の完成に向けて、ラストスパート！

## 12 操作事例集作りでの奮闘

2000年9月

[ いよいよ「つるちゃんのプラネタリウム for Windows」の完成も近づいた。元気を出してヘルプ機能の充実をはかることにする。 ]

　ヘルプ機能というと、誰もがすぐに思いつくのがマニュアル。でも、つるちゃんはマニュアルがあまり得意ではない。[マニュアル＝面倒＆よくわからない]という方程式があってもいいんじゃないかとさえ思っている。確かに、「これを知りたい」と目的がハッキリしている時にはありがたい場合もある。それでも、目的の事柄が書かれたところにたどり着くのに苦労する。そして、ようやくたどり着いたと思ったら、難しい解説やら用語やらが並んでいて、「やっぱりようわからんわ」という破目に陥ることもしばしば。苦労したら、やっぱり報われないとね。だからマニュアルを作るのは、や～めたっと。ああ、単純。なんだかんだ言って、本当はつるちゃんはマニュアルを作るのが面倒なだけなのだ。

　かといって、何もナシというわけにもいかない。じゃあどうしよう。想像するに「つるちゃんのプラネタリウム for Windows」を使う人は、「星を見るのは初めて」とか「少しならわかるけど、ちょっと自信がないかな」といった人が大半だろうな。それなら星空や天文現象を解説しながら、例に沿って実際に操作してもらった方が、楽しくていいんじゃないかな。少なくとも、つるちゃんの場合ならそうだ。その上、魅力的なのは、マニュアル作りよりは楽そうだということ。決まった、操作事例集なるものを作ろう！【42】

　でも作り出すと、これが意外に大変なことがわかってきた。プログラムを実行させて、日付入力などの操作をして画面に表示し、星空の表示状態を確認しながら、操作の説明や星空の解説を書いていく作業だから、意外と時間がかかる。そうこうしていると、バグがチョコチョコ出てきて、そのたびにプログラムを修正しなくちゃいけない。これがまた面倒で、時間を取られるんだよなあ。

　さすがにこの段階までくるとプログラムはほぼ完成しているから、プログラムの方は正しいものと思い込んでいる。だから、おかしな現象が出るとなかなか

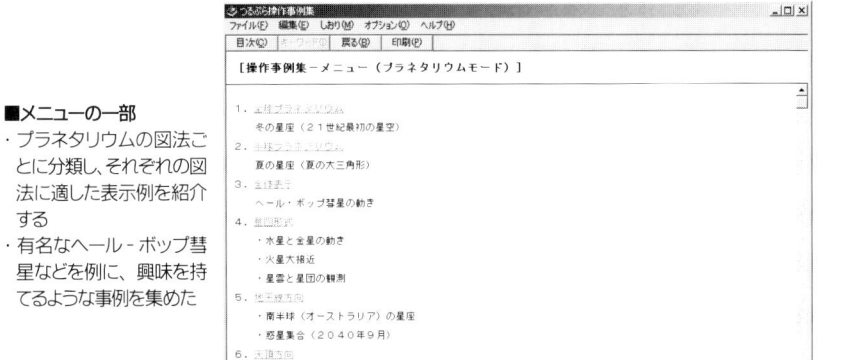

■メニューの一部
・プラネタリウムの図法ごとに分類し、それぞれの図法に適した表示例を紹介する
・有名なヘール-ボップ彗星などを例に、興味を持てるような事例を集めた

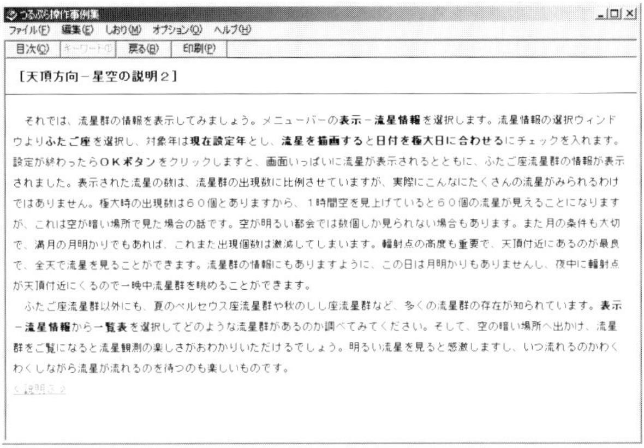

■ふたご座流星群
・天頂方向拡大の図法による表示例を紹介
・ふたご座流星群極大の日に、輻射点が天頂付近にくることを利用している
・あわせて流星群の出現イメージもつかめるように操作を誘導

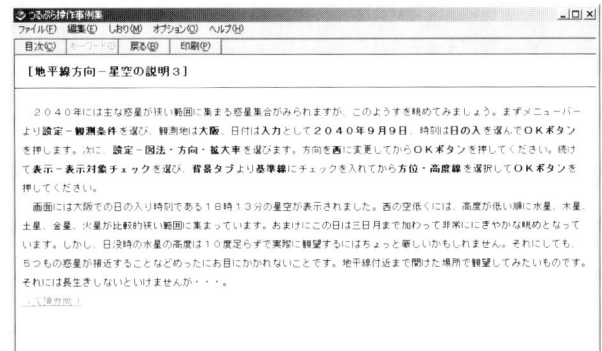

■ 惑星集合
・地平線方向の図法による表示例を紹介
・次回の惑星集合（2040年)となる西空の様子を表示する

【42】操作事例集の例
マニュアルを作るかわりに、操作事例集を作ることにした。興味を持てそうな天文現象を紹介しながら、操作の方法を説明している。

―Visual Basic によるプログラム作り― 63

原因がわからない。時には「自分のプログラムがおかしいハズはない。さては このパソコン、つぶれちゃったのかな」なんて悩むことも。絶対にそんなわけな いやん。後から考えると笑っちゃうけど、その時は真剣そのものだ。だから、こ ういう時は頭を冷やすに限る。正しいのはパソコンで、間違っているのは自分の 方だって。ほーら、やっぱりおかしいのはつるちゃんの頭の方だった。ガーン。 でもパソコンがつぶれてなくてよかった。

　そんなことをやっていると、肝心のワープロ作業の方が全然はかどらなくなる。 おまけにページ数がだんだんと増えてきて、とうとうワープロで100ページを超 えてきた。はっきり言って、どこに何を書いたか、わけがわからん状態。おまけ に、ヘルプコンパイラを使って、ジャンプ先を埋め込んでページをジャンプさせ るので、ますますもってわけがわからん。

　パソコンの方も大変なようで、操作事例集の文書を開くと、CPU を冷やす ための冷却ファンがうなりっ放し状態になる。そしてつるちゃんの方もうなって いて、頭の方もだいぶお熱いご様子。よし、つるちゃんの頭にも冷却ファンをあ ててみよう。ブーン。少し頭が冷えてきた。そして、冷えた頭で冷静に考えてみ た結論。何でつるちゃんはこんなにワープロばっかり打ってるんだろう？　なん だかアホらしくなってきたぞ。こんな日が1か月あまりも続く。

　　　　［　つるちゃんボヤキ節。　　　　　　　　　　　　　　　　　　　　　］

# 13 とうとう完成!!
## 2000年10月

　ヘルプ機能ができあがった今、あとは細かい部分の手直しを残すのみ。文言見直しや、メニューの配置、文字の表示位置などを調整する。そして、これもまもなく終了。小さいトラブルはあるが、これをもって「つるちゃんのプラネタリウム for Windows試作版」がとうとう完成!!【43】【44】【45】。

　思えば、パソコンを買ってからこの1年弱の間は、とにかく苦労の連続だった。VBとの出会いに始まり、星データの加工、星座の表示、図法の作成、食現象の計算、モード作り、出没時刻計算に操作事例集など、数え上げればきりがない。いつの間にか、フォームの数は50を超え、プログラムの行数は2万行を超えていた。2万行といえば、1ページ40行のワープロで印刷すると500ページにもなるんだから、すごい量だ。

　確かに機能や、操作性、計算精度などの面で不満な部分もまだまだある。でも正直言って、天文と全然関係のない仕事を持つ社会人が、ひとりで1年足らずの間にできることにはやはり限界がある。むしろ短い期間でひとりでよくこれだけ作り上げたなあと、自分のことをほめてあげたいと思う。本当によくやった、つるちゃん、頭ナデナデ。

　それにしても、うれっぴっぴっぴぃ〜。もうすっかり感動状態。つるちゃんをよく見ると、頬を涙がつたっているではないか。ぬぐっても、ぬぐっても溢れ出す涙。ヨヨヨヨョ……、感涙にむせびながら、とうとうつるちゃんは泣き崩れてしまった！

　でもこれで終わりじゃない。インターネットで公開するという次の山が待っている。泣いている場合ではない、さあ立ち上がれ。行けっ、行くのだ、つるちゃん！

> 《天の声》つるちゃんよ、大きな山を一つ乗り越えたようだが、その先にはさらなる試練が待ち受けていようぞ。お前はそれでも行くというのか？　止めはしないが、一つだけ言ってやろう。「懲りないヤツだ」と。

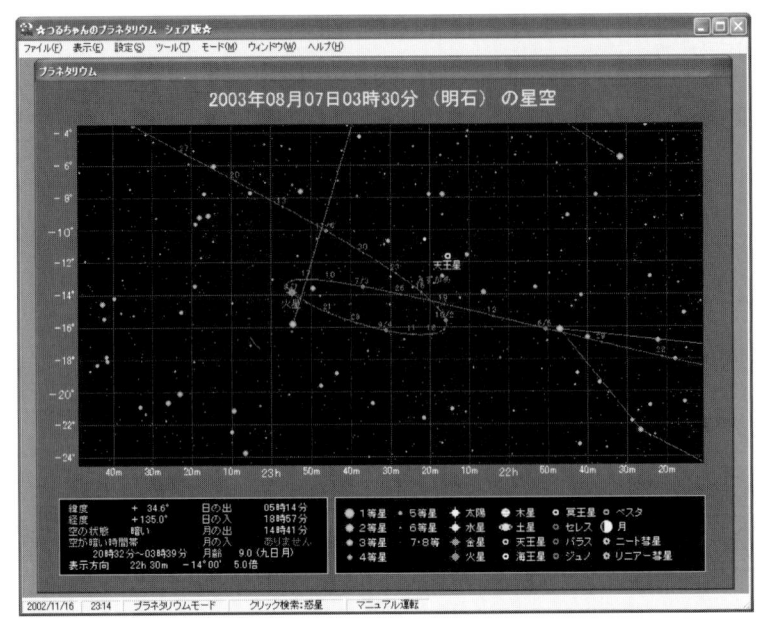

■火星の経路
2003年の火星大接近の頃に、火星が星座間を移動する経路を表示。火星は宙返りする動きを見せる

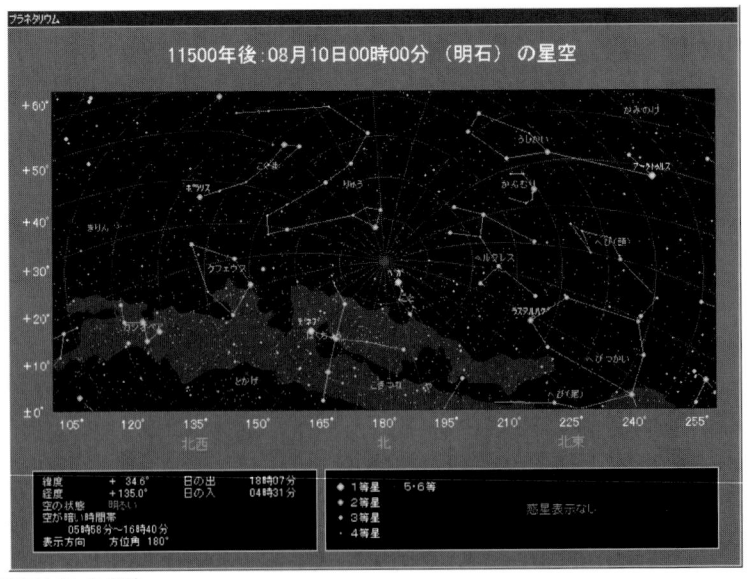

■北極星となったベガ
織姫星として有名なベガは地球自転軸の歳差運動によって約1万2千年後には北極星として輝く

**【43】つるちゃんのプラネタリウムの表示例（その1）**

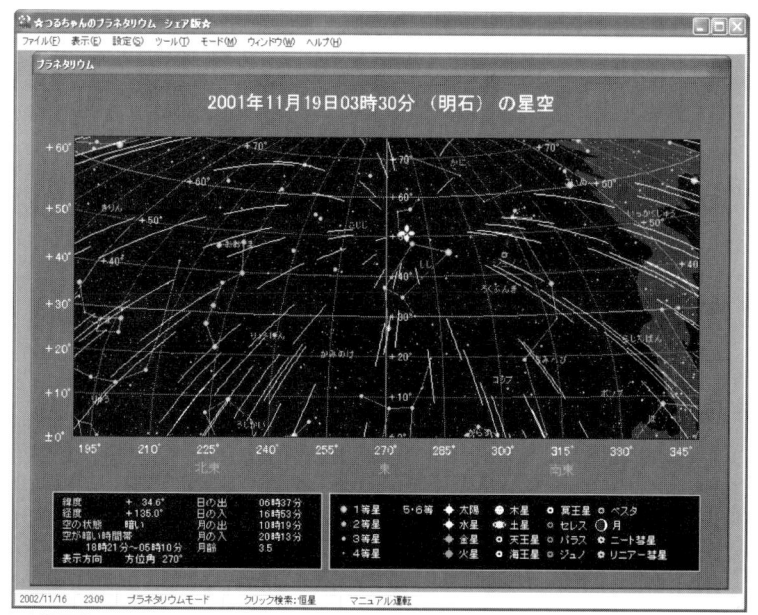

■しし座流星群
大出現したしし座流星群(2001年)の様子を再現。しし座を中心として放射状に流星が出現している

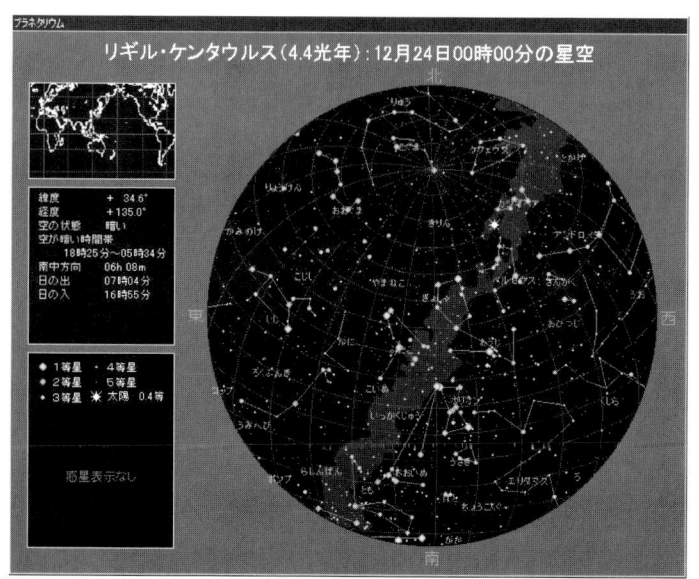

■最も近い恒星から見た星座
たったの4光年移動しただけでも、星座の見え方は意外と変わる。シリウスはオリオン座のベテルギウスの隣へ移動した。また、太陽がカシオペア座の近くで1等星として輝いている

—Visual Basic によるプログラム作り—

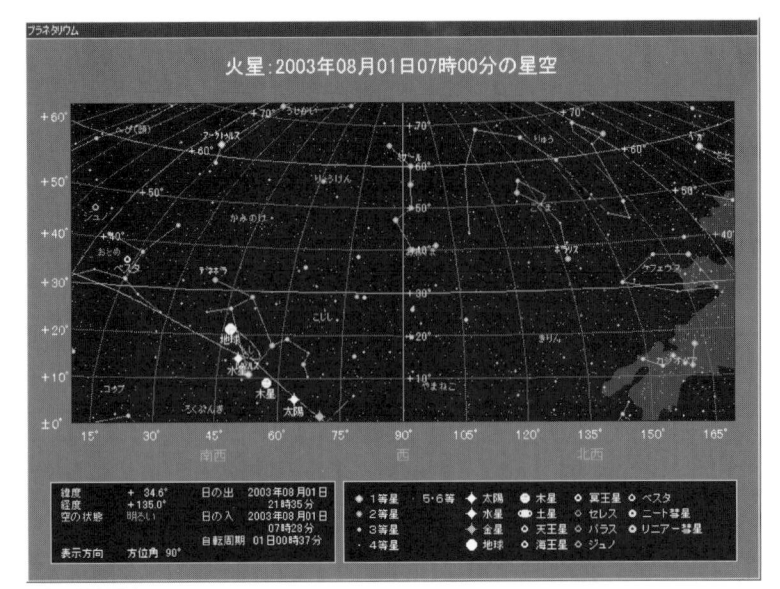

■火星から見た星座
自転軸の傾き具合が地球の場合とは異なるので、星座の見え方が変わる。恒星は遠いところにあるので、星座の星の配列まで変わるわけではない。まもなく日没を迎え、西空に輝く地球を眺めることができるだろう

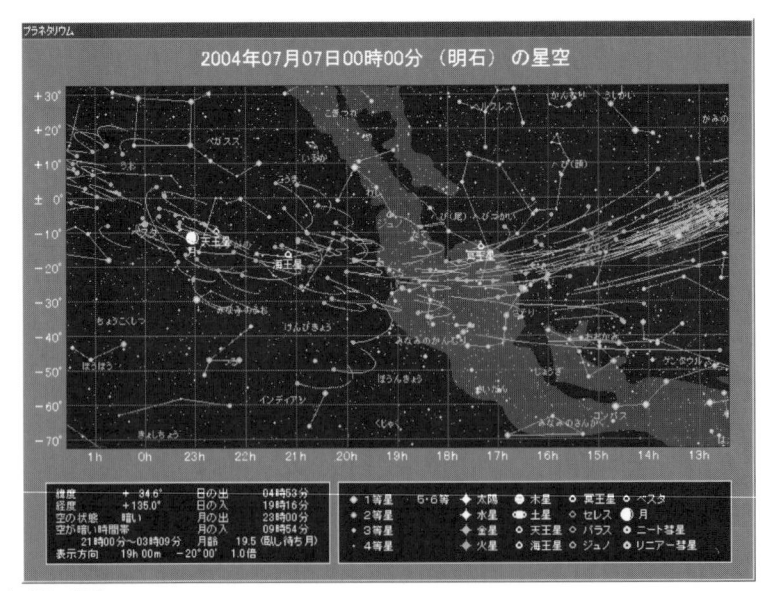

■小惑星の経路
ピックアップした小惑星を表示し、100日間の経路を描いたところ。最大で7300個あまりの小惑星を表示できる

【44】つるちゃんのプラネタリウムの表示例(その2)

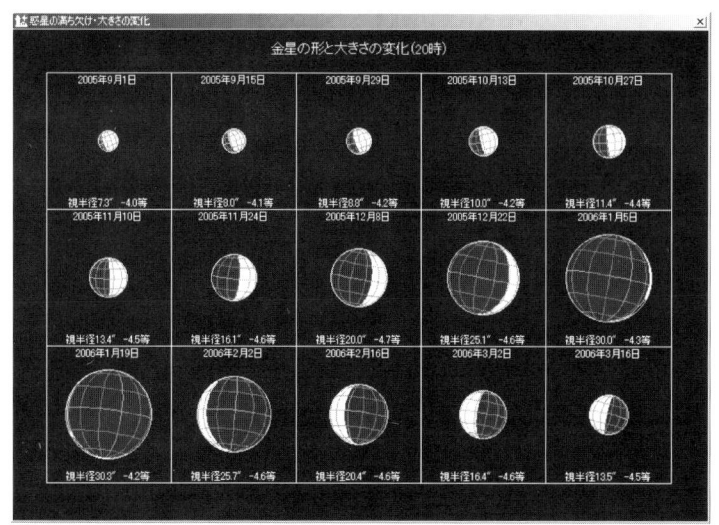

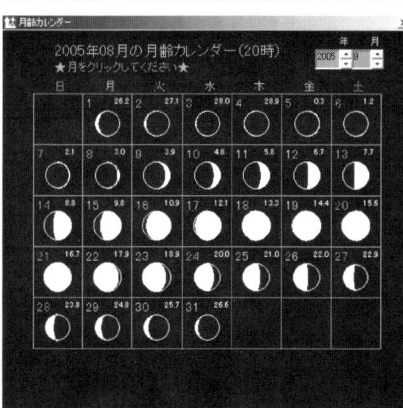

【45】つるちゃんのプラネタリウムの表示例
　　　　　　　　　　　　　　　（その3）

■金星の満ち欠け（上）
2週間間隔で金星の様子を表示した。内惑星である金星は満ち欠けする。地球との距離の変化にあわせて、金星の大きさも変化する

■月齢カレンダー（左）
1か月間の月の満ち欠けをカレンダー式で表示する

■恒星のデータ（下段左）
北極星のデータを表示した。約30万個の恒星に対応する

■表示設定の変更画面（下右）
日付や観測地や表示図法などを変更できる

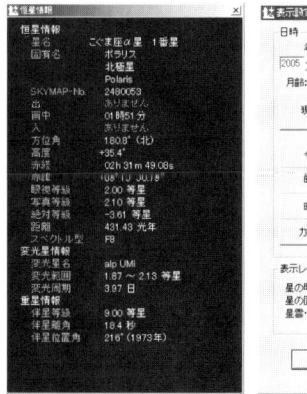

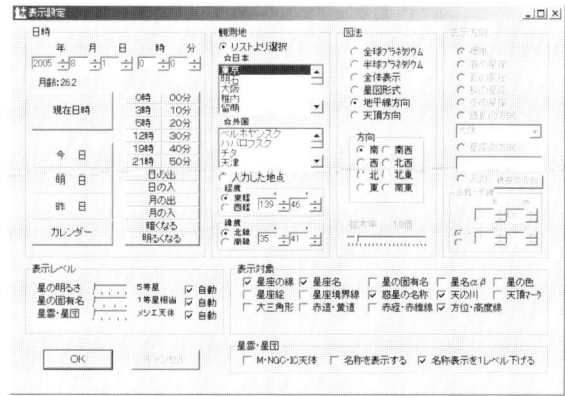

―Visual Basic によるプログラム作り―

つるちゃん
の
プラネタリウム

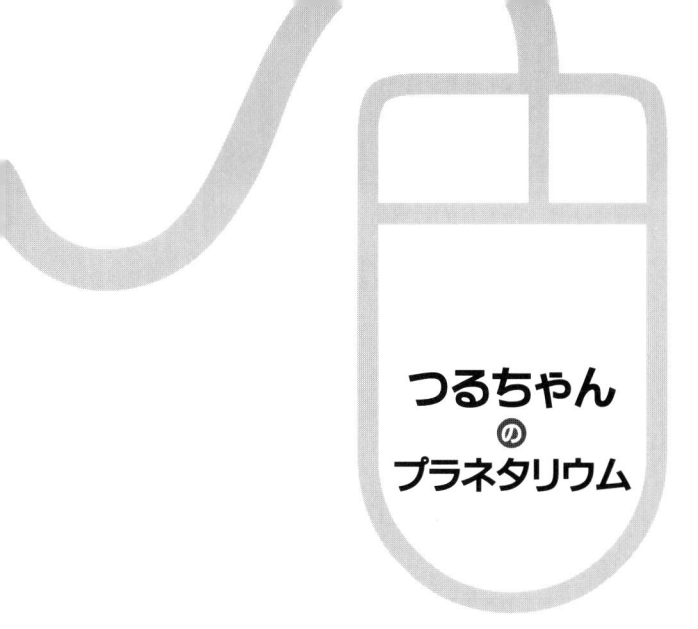

# Javaアプレットによる
# プログラム作り

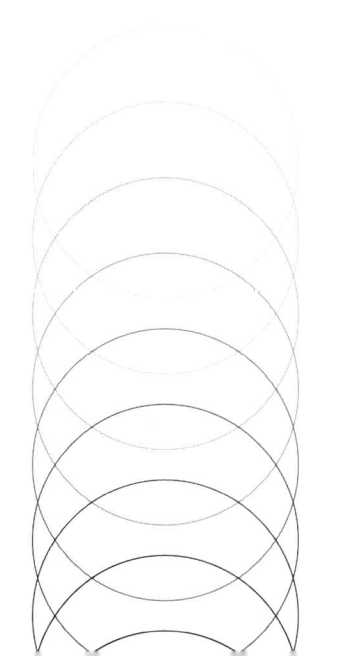

## 19 インターネット公開の夢、しかしやる気が……

2000年11月

> 「つるちゃんのプラネタリウム for Windows 試作版」を完成したつるちゃん。次はインターネットでの公開へと夢はふくらむのだが。

　さて、幾多の困難を乗り越えて、天文シミュレーションソフト「つるちゃんのプラネタリウム for Windows試作版」は完成した。次なる目標は、インターネットで天文ソフトを公開することだ。でも実は、VBでプログラム開発を始めてから、ずっと気になっていたことが一つある。それはあくまでも「for Windows」だということ。つまり、今まで作ってきたプログラムは、Windowsパソコン上の単体でしか動かないということだ。もちろん、ダウンロードサイトへプログラムを登録しさえすれば、誰もがいつでもインターネットから「つるちゃんのプラネタリウム for Windows」をダウンロードする（インターネットから自分のパソコンへデータやプログラムを取り込む）ことができる。そして「インターネットで天文プログラムを公開する」という、初期の目標は達成されたことになる。

　でも、今のつるちゃんはそうは思っていない。インターネット上で動作する天文シミュレーションソフトを作りたい！　そしていつの日か、天文シミュレーションができるホームページを公開するんだ！　そのホームページでは、プログラムでは説明できないような星空の解説をしたりなんかして【46】。

　① パソコン単独で動く天文シミュレーションソフト（完成）
　② インターネット上で動く天文シミュレーションソフト（これから作る）
　③ ホームページによる星空解説など（これから作る）

　これらが三位一体となって、はじめて「つるちゃんのプラネタリウム」は完結する！　あ〜、なんて壮大な構想。VBであれだけ苦労したのに……。一度思いはじめると、もう止まらない。こうなったらやるしかないと、自分の性格にあきらめ顔のつるちゃん。「懲りないヤツだ」という声が、またどこからか聞こえてきそうだ。そうなると、まず問題になってくるのが、インターネット上で天文シミュレーションをするためのプログラミング言語。VBの時には安直に決めちゃっ

**パソコン単独で動く天文ソフト**
・星空を見たい人をサポートするソフト
・きめ細かなシミュレーションができる
・大量のデータを使用する
・Windows端末での使用が前提

**インターネット上で動く天文ソフト**
・より多くの人に使ってもらうためのソフト
・手軽にシミュレーションが可能
・機能やデータは必要なものに絞り込む
・インターネットでの使用が前提

**つるちゃんのプラネタリウム**

**ホームページ**
・プログラムでは説明できない星空の解説
・星空を見たい人への最初のステップとなるページ
・天文現象なども紹介

【46】つるちゃんのプラネタリウムの構想
[パソコン単独で動く天文ソフト]、[インターネット上で動く天文ソフト]、[ホームページ]の三つが、三位一体となって初めて「つるちゃんのプラネタリウム」が完成する。夢はちょっと大きめでちょうどいい？

たので、今度は慎重に選ぼう。

　まずはCまたは C++ という言語。これは細かい芸ができる優れた言語で、前々から手がけてみたいと思っていた。でも残念ながら、プロバイダ側でホームページ作成者に使用させないようにしている場合が多い。やっぱりホームページによるプログラム公開を前提に考えるなら、プロバイダのことも考えておかなきゃ。つるちゃんのプロバイダでも使えないので、今回は見送り。はいっ、次。

　次はVBの Active X。こちらはVBの延長で、VBのインターネット対応版といったところか。でもセキュリティの観点から、インターネット・エクスプローラなどのブラウザ（インターネット閲覧ソフト）上で「Active Xを無効にする」に設定している人も多い。やっぱりみんなに使ってもらえるものでないとダメかな。ということで、ボツ。はいっ、次。

　お次はJava。これには、インターネット上でも動作することを前提にしたJavaアプレットなるものがある。アプレットとはブラウザ上で動く小さなプログラムのことで、なんだかつるちゃんに合いそうな感じ。本屋さんで立ち読みして調べてみると、どんな機種でも動作がOKなようで、Windowsでも、UNIXでも、Mac

**【47】Javaの解説本**
つるちゃんが使ったJavaの参考書。自分に合った本を選ぶことが大切なのは、Visual Basicの時と同じ。

でも動くとのこと。まさに今回のつるちゃんにピッタリじゃん。ということで、Javaというプログラミング言語で開発することに決定！

　こうしてインターネット用のプログラム開発はJavaに決まった。しかし、イマイチ乗り気になれない。そりゃそうだわさ。新しいプログラミング言語を習得するのに、どれだけ根性がいるか身にしみてわかっているだけに、今一歩踏み出そうという気になれないのだ。まさに泥沼に足を踏み入れるようなものだ。踏み入れたら最後、ズブッと沈み込んで、這い上がることができなくなるかも。約1年前にVBを始めたころのつらかった思い出が次々とよみがえる。わからんことばっかりやったなあ、エラーがいっぱい出たなあ、なかなか思うように動かんかったなあ……。

　おまけに、試作版完成の余韻にひたっている。動作確認と称して、ただ漫然と試作版を動かしてみる。ちゃんと動いているなあ、それにしてもよう作ったなあ、こんなのをまた作ろうと思ったら大変やろなあ……。こんな調子でダラダラと日を過ごす。こうしてかれこれ1か月以上が過ぎてしまった。

　こんなことをしていては、いつまで経っても前に進まへんやん。つるちゃん、がんばれ！　ようやく、重い腰を上げてJavaの本を買いに行ってみる。買って読みはじめると「何これ〜？」。やさしいのは始めだけで、あとは超難解。そもそも説明のレベルが飛躍のしすぎ。こっちは初心者やぞ〜。こりゃアカンと、再度本を買いに行く。今度のは、やさしいし例もわかりやすそう【47】。プログラミングの事始めとなる本は、プログラム事例がいっぱいのっていて、その例を1行ずつ懇切丁寧に解説しているような本に限る。それから急に難しくならないこともポイント。この本のおかげで「ちょっとやってみようかな」という気になってきた。あくまでも、ちょっとだけど。

> ビクビク状態でJavaアプレットによる開発をスタートしたつるちゃん。でもこの先は……。

# 15 Java アプレットに挑戦

2000年12月上旬

> Javaアプレットによって「つるちゃんのプラネタリウム for Javaアプレット」の開発に着手したつるちゃん。しかし、予想どおり（?）新たな悩みに直面する。

　VBが「手続き型言語」であるのに対して、Javaは「オブジェクト指向言語」に分類されるのだそうだ【48】。なんだかよくわからんなあ。でも、例の簡単な本を読んでいるうちにだんだんとわかってきた。つまりこういうこと。VBなどの手続き型言語で星を表示する場合、

　　［星のデータの読み込み］→［基礎データを算出］→
　　［前者の二つのデータを受けて星の位置を計算］→
　　［計算したデータを使って星の丸印を描画］

という具合に、まずデータの流れを考えてから、これを処理するプログラムを順番に呼び出していく。今まで何の疑いもなく、ずっとこれが当たり前だと思ってきた。

　でも、オブジェクト指向は違うんだって。処理とデータを一つのまとまりとしてとらえる。そしてこのまとまりをクラスと呼んでいる。もっとも、プログラムを書かないといけないのはどちらも同じだ。プログラムを書かなくてよかったら楽でいいんだけど、そんなわけないよなあ……。

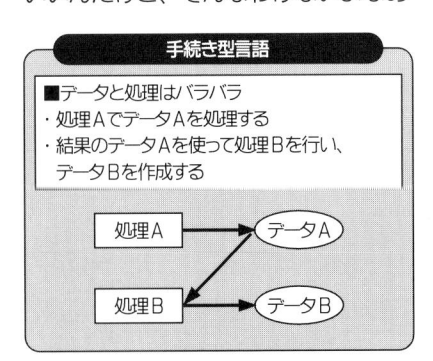

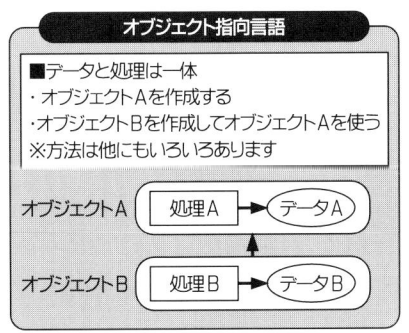

**手続き型言語**
■データと処理はバラバラ
・処理Aでデータ Aを処理する
・結果のデータAを使って処理Bを行い、データBを作成する

処理A → データA
処理B → データB

**オブジェクト指向言語**
■データと処理は一体
・オブジェクトAを作成する
・オブジェクトBを作成してオブジェクトAを使う
※方法は他にもいろいろあります

オブジェクトA　処理A → データA
オブジェクトB　処理B → データB

【48】**手続き型言語とオブジェクト指向言語**
手続き型言語とオブジェクト指向言語では、処理やデータに対する考え方が大きく違っている。

―Javaアプレットによるプログラム作り―

ということで、「何のこっちゃ？」って感じのオブジェクト指向言語、Javaにチャレンジ。

さて、次は開発ツールを決めなきゃ。開発ツールとはプログラム開発するためのソフトのことで、VBの場合なら「Microsoft Visual Basic」のCDをパソコンショップで買ってくることになる。Javaの開発ツールの場合はJ++やJDKなど何種類かあるけど、バグつぶしの機能が豊富で開発が楽そうな、VBと同系列の「Microsoft Visual J++」（以下J++と表記）にしよう。Javaはよくわからんことだらけだから、VBの時と同じように、簡単プラネタリウムをまず作ってみようか。

① 日時と観測地の決定

　ここでは固定でプログラム内に持たせる。

② 星データの読み込み

　星クラスを作る。

③ 基礎データの計算

　基礎データクラスとして計算する。星クラスから使用する。

　星クラスの一部としてクラスの初期化時にデータを読み込む。

④ プラネタリウムへの座標変換

　座標変換クラスとして計算する。星クラスから使用する。

⑤ ディスプレイへ結果を表示

　プラネタリウムクラスとする。星クラスを使って星を表示する。

なんや、処理が全部クラスに変わっただけやん【49】。ますますもって、よくわからんなあ。簡単プラネタリウムのはずが「難解プラネタリウム」になりそうな雰囲気が、早くも漂ってきた。いや〜な予感！

先にも言ったようにJavaの場合は、処理とデータを一つのまとまりとして考える。まとまった単位はクラスと呼ばれ、その実体はオブジェクトと呼ばれる。やっぱりよくわからんなあ。読んでいる皆さんにはもっと？？？

よくわからないけど、「こうするモンなんだと思い込む」というつるちゃんの鉄則に従う。とにかく「クラス」を作らないことには始まらない。では初めに、星というクラスを作ってみようか。星クラスには、星の座標、明るさ、ディスプレイ上でのXY座標といった属性を持たせる。星クラスの初期化時に星データを読

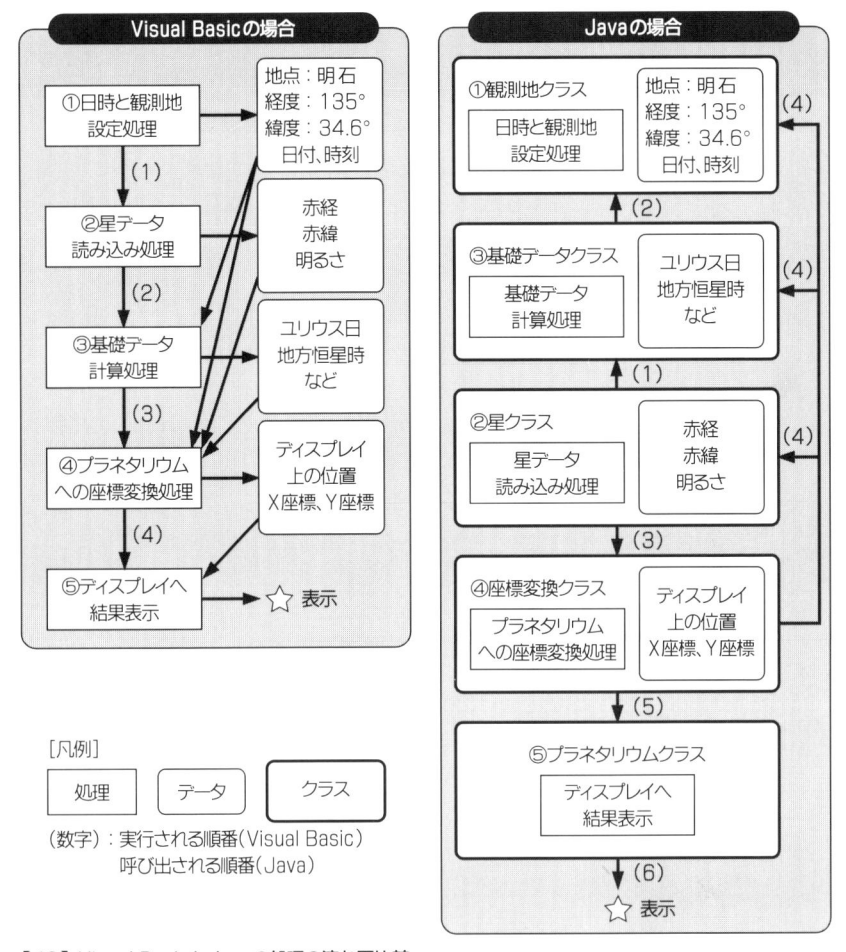

## 【49】Visual BasicとJavaの処理の流れ図比較

手続き型言語の場合は、データと処理を別個のものとして考えるのに対して、オブジェクト指向言語の場合では、データと処理をクラスという単位でまとめて考える。

み込ませて、星の座標と明るさの属性をセット。そして、ここからが肝心。プログラム実行時に基礎データクラスや座標変換クラスを作って、それぞれ勝手に計算してもらって、XY座標の属性に値をセットする。

この「勝手に計算してもらって」の部分が大事。星クラスから見ると、基礎データクラスや座標変換クラスの内部で何かしら勝手に計算されて、答えが自動的にセットされているように見えるのが、オブジェクト指向の特徴【50】。プロ

―Java アプレットによるプログラム作り― 77

### 基礎データ算出の場合の例

**呼び出し側のプログラム**

```
・・・・・・
BaseTime bst =
new BaseTime( yy, mm, dd, hh,
ff, ido, keido);
・・・・・・
double main_jdt = bst.jdt;
double main_lst = bst.lst;
```

**基礎データクラスのプログラム**

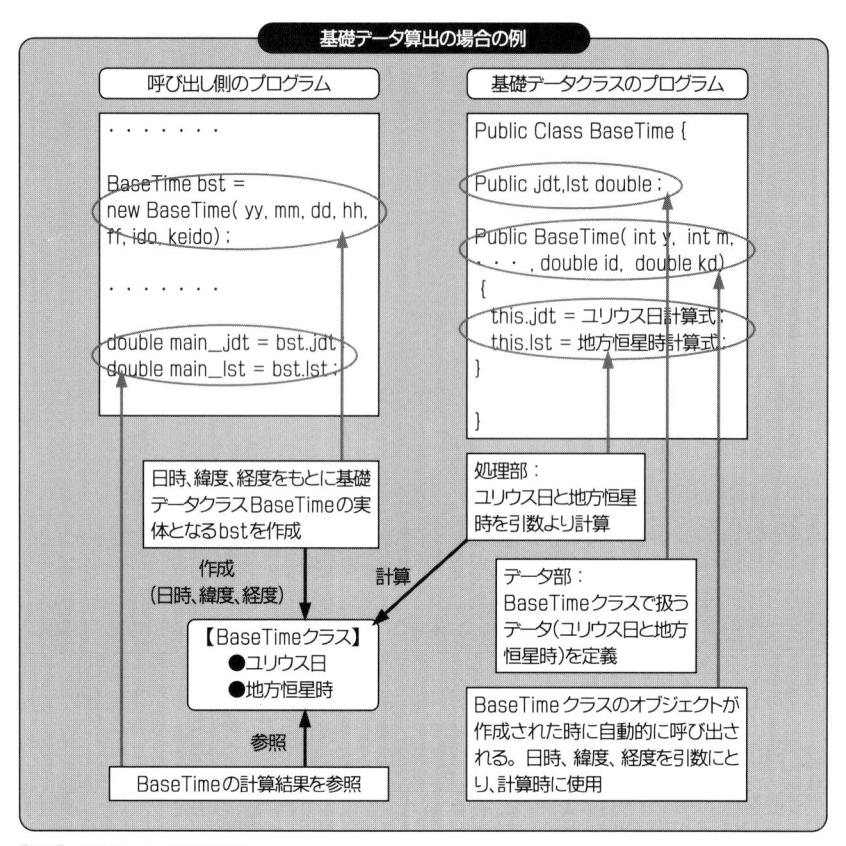

```
Public Class BaseTime {

Public jdt,lst double ;

Public BaseTime( int y, int m,
・・・, double id, double kd)

this.jdt = ユリウス日計算式;
this.lst = 地方恒星時計算式;
}

}
```

日時、緯度、経度をもとに基礎データクラスBaseTimeの実体となるbstを作成

作成（日時、緯度、経度）

計算

処理部：
ユリウス日と地方恒星時を引数より計算

【BaseTimeクラス】
●ユリウス日
●地方恒星時

データ部：
BaseTimeクラスで扱うデータ（ユリウス日と地方恒星時）を定義

参照

BaseTimeの計算結果を参照

BaseTimeクラスのオブジェクトが作成された時に自動的に呼び出される。日時、緯度、経度を引数にとり、計算時に使用

**【50】オブジェクト指向の実際**
プログラムでクラスを使用する場合は、クラスの実体（インスタンスと呼ばれる。例ではbstがそれに該当する）を作成する。

グラミング言語の良し悪しを判断するのに、処理の独立性（ブラックボックス化されている）という観点があるが、その点ではオブジェクト指向言語は優れているようだ。なるほどなあと、ちょっと感心。

とかなんとか言いながら、オブジェクト指向を駆使（苦心の誤りかも？）して、星の位置を表示する簡単プラネタリウムのプログラムが完成。さあ、いよいよプログラムを動かすためにコンパイルをしてみよう。

［コンパイルを前に、ドキドキ、ハラハラのつるちゃん。さて、結果はいかに？］

# 16 壁、壁、そして壁 -Part2-

2000年12月中旬

> Java アプレットのプログラムができて、ホッと一息をつくつるちゃんを待ち受けていたものとは。

　Javaの場合、プログラムを動かすためには、コンパイラによってプログラムをコンパイルしないといけない。「04 早くも断念？」のところでも少し触れたように、コンパイルとは、人間の書いたプログラムをコンピュータが理解できる言葉に変換すること。英語しかわからない外国人に、日本語を英語に翻訳するようなモンだ。そして、コンパイラとはコンパイルするための道具。Javaは本当の意味でのコンパイルとは少し違っているが、難しい話はやめておこう。VBでテストする場合は、即時実行モードという便利な機能があった。これを使うとテスト段階では、プログラムをいちいちコンパイルしなくてもテストすることができたので、その点ではだいぶ楽をしてきたのかも。

　さて、先に作ったJavaプログラムのコンパイルを開始。うわぁ～、出るわ、

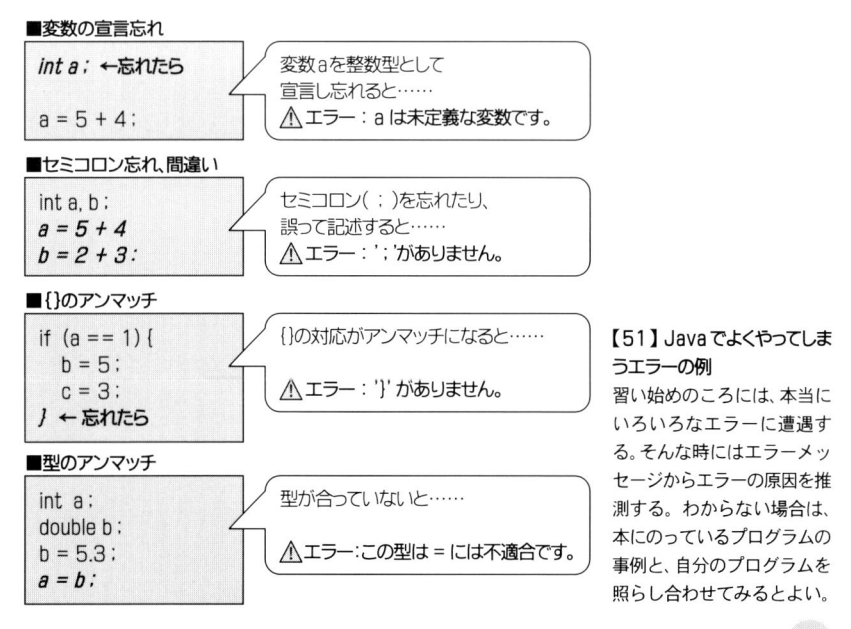

■変数の宣言忘れ
```
int a;  ←忘れたら

a = 5 + 4;
```
変数aを整数型として宣言し忘れると……
⚠ エラー：aは未定義な変数です。

■セミコロン忘れ、間違い
```
int a, b;
a = 5 + 4
b = 2 + 3;
```
セミコロン（;）を忘れたり、誤って記述すると……
⚠ エラー：';'がありません。

■{}のアンマッチ
```
if (a == 1) {
    b = 5;
    c = 3;
}  ←忘れたら
```
{}の対応がアンマッチになると……
⚠ エラー：'}'がありません。

■型のアンマッチ
```
int a;
double b;
b = 5.3;
a = b;
```
型が合っていないと……
⚠ エラー：この型は＝には不適合です。

**【51】Javaでよくやってしまうエラーの例**
習い始めのころには、本当にいろいろなエラーに遭遇する。そんな時にはエラーメッセージからエラーの原因を推測する。わからない場合は、本にのっているプログラムの事例と、自分のプログラムを照らし合わせてみるとよい。

出るわ。1年前にVBを始めた時よりひどいエラーの山だ【51】。でも、今回はある程度予想していたことだから、さほど驚かない。「何せオブジェクト指向だからしゃあないわ」と、わけのわからぬ言い訳をしながらエラーをつぶしていく。それにしても後から後から出てくるエラー。あまりの多さにだんだんと気がふさぎこんできた。

「ここはおかしいからプログラムを直さないといけないなあ」となれば、まずはJavaの本とニラメッコ。そして再びエラーの山。一つのエラーに3時間も悩むことも。まさに「壁、壁、そして壁」Part2の状態だ。もともと重い腰を上げて始めたJavaだけに、余計にやる気が失せてくる。あ〜あっ、やるんじゃなかった。

でもここは、始めはこんなモンだと、気力を振りしぼってエラーつぶしを繰り返す。そうこうしているうちに、だんだんとエラーも少なくなってきた。しかし、なんだかんだ言っても、今回の場合は強い味方がいる。そう、VBで作ったプログラムだ。正しい答えがあるのだから、テストでこれを使わない手はない。Javaで使う変数の数値をプログラムから画面に表示して、VBの結果と比較するようにすれば、テストはスムーズだ。

そしてついに、簡単プラネタリウムもめでたく完成。いやあ、Javaを始めてからまだ1か月も経ってないけど、長い道のりやったなあ。特に、オブジェクト指向にはずいぶんと手こずった。ここで一つの結論。やっぱり予想どおり、難解プラネタリウムやった！

その後は少しずつ機能をアップしていくが、そのうちまたもや重大なエラーに直面。惑星計算のロジック部分のエラーがどうしても直らないのだ。修正すると、また別の箇所で同じエラーが出る。その名も内部コンパイルエラー。何じゃこれは？　まったく意味不明。なんとかエラーが出ないようにしようと、あの手この手を尽くしてみるが、どうやっても直らない。なんでや〜、もうイヤ！　やり場のない怒りが込み上げてくる。あ〜、うぉ〜っ、+-/*¥<>&%$#、…………。（注：言葉にならない）

[　……つるちゃん発狂寸前。　　　　　　　　　　　　　　　　　　]

## 17 克服、そして万能プラネタリウム完成
2000年12月下旬

[ 重大なエラーに悩むつるちゃん。はたして解決できるのか。 ]

　惑星ロジックのエラーで2週間近く悩んだ。そして一つの結論に達する。J++のコンパイラが悪い。コンパイラが悪いからコンパイルできないんだ。そこでJ++はあきらめて、別の開発ツールに変えてみる。今度のツールは、Javaの言語を開発したメーカーから無償提供されているJDK（Java Development Kit）と呼ばれるものだ。さっそく先のプログラムをコンパイル。さすがにJavaを開発したメーカーだけのことはある。先まで悩んでいたエラーが一発で解消!!　あ〜、あほらし。2週間も神経すり減らして何を悩んでたんやろ。プログラム作りなんてあほらしいことの積み重ねだ。

　ここで、ちょっと考えてみる。今回プログラムを作る目的は、インターネット上で使うということだ。プログラムが大きくなった場合、ダイアルアップ回線だと表示に時間がかかってしまうのは間違いない。表示までどのくらいの時間なら待てる？　つるちゃんの場合ならせいぜい1分かな。これ以上時間がかかったら「もうええわ」と、[戻る]のボタンを押してしまいそう。ああ、我ながら短気。

　短気なつるちゃんでも我慢できるように、ダウンロード時間を1分以内に抑えるためのプログラム規模を試算する。う〜ん、これじゃあ「つるちゃんのプラネタリウム for Windows」をそのままの規模でインターネットへのせるのはとても無理だ。しょうがない。ここはインターネットと割り切って、機能を分割しよう。そして、機能ごとにタイトルをつけて、この単位でプログラムの方も分割してしまおう。こうすれば、1タイトルごとのプログラムの大きさはコンパクトになって、気の短いつるちゃんでも、[戻る]のボタンを押さずにすみそうだ。

　それから星の数も少なくして、データ量を減らさなきゃ。結局、万能プラネタリウム（プラネタリウムの表示）、惑星の経路（惑星が動く道筋を表示）、月齢カレンダー（月の満ち欠け表示）など、九つのプログラムに分割することに。ううっ、九つも作るんかいな（Javaアプレットの表示例 p.92-p.93【57】）。

　本格的なプログラム作りに入る前に、Javaアプレット版プログラム作りの基

本方針を決めておこう。まず、インターネットでみんなに使ってもらうんだから、操作は簡単にしないと。でも「つるちゃんのプラネタリウム」らしさを忘れないように、必要な機能はできるだけ盛り込もう。他に方針は？　他にはなし。一に簡単、二に機能。この二つがあれば、インターネット上で使う分には文句はないはず。簡単すぎる気がしないでもないが、基本方針もできた。さあ作るぞと、気分も盛り上がる。

　さて、何から作ろうか。まず、プラネタリウムがないことには「つるちゃんのプラネタリウム」にならない。最初はやはり、万能プラネタリウムから取りかかるのが順当かな。基本部分は簡単プラネタリウムでできあがっているから、あとは大好きな（？）機能アップが待っている。

　まずは日時設定などの入力部分。別画面にすることやメニューから呼び出すことも考えるが、あくまでもシンプルに使いやすくを心がける。と言えば聞こえはいいけど、やっぱり楽そうなやり方がいい。結局、プラネタリウム表示画面に直接ボタンを貼り付けることに。楽な方へと流されるつるちゃん。VBならボタンをペタペタと画面上で貼り付ければいいけど、Javaではそういったことができない。プログラム内でボタンを定義することになるのだけど、これがけっこう面倒。できあがった画面レイアウトをイメージしておかないと、定義自体ができない（実際にはもっと簡単な方法もあるが、この方法が最も強力）。画面レイアウトはこんなんかなあ、あんなんかなあ、と想像しながらボタンを定義していく[52]。

　次はイベント処理。イベント処理とは、ボタンなどの状態が変更された（言い換えるとボタンが押された）場合に、何をするのかをプログラム内で記述すること。たとえば、先に定義したボタンから日付が変更された場合は、プログラム内の日付を変更してからプラネタリウムを再描画。観測地が変更されれば、経度と緯度と観測地名を変更してプラネタリウムを再描画。他の場合も同じように、イベントの処理は、〇〇を変更して再描画するというワンパターンで片づけちゃった。簡単、簡単、ワンパターンなら猿でもつるちゃんでもできる。今度は一転、珍しく楽勝モードになってきた。

　その後は例によって、天の川や星座の線、基準線の表示などの機能アップをはかっていく。そのたびにクラスの数が増えてきて、ちょっと嬉しくなる。クラスの数を数えてみよう。クラスがひと～つ、クラスがふた～つ、クラスがみっつ、

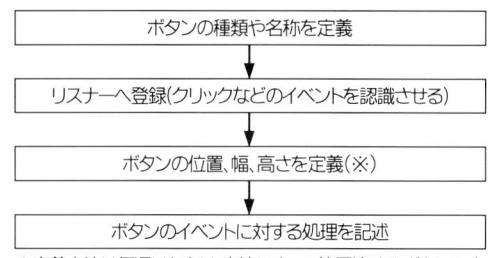

```
┌─────────────────────────┐
│ ボタンの種類や名称を定義 │
└───────────┬─────────────┘
            ▼
┌───────────────────────────────────────────┐
│ リスナーへ登録(クリックなどのイベントを認識させる) │
└───────────┬───────────────────────────────┘
            ▼
┌─────────────────────────────────┐
│ ボタンの位置、幅、高さを定義(※) │
└───────────┬─────────────────────┘
            ▼
┌─────────────────────────────────┐
│ ボタンのイベントに対する処理を記述 │
└─────────────────────────────────┘
```

※定義方法は何通りかあり、方法によって位置決めやボタンの大きさに対する考え方が異なる。これはその中の一例。

**【52】Java アプレットでのボタンの定義の手順**
ボタンなどを作る場合の手順は決まっているから、一つ作ってしまえばあとはワンパターン。ボタンの位置など、Java側で自動的に制御されてしまう部分もあるので、この辺はちょっと難しい。

■ボタンAの位置と大きさを決める例

```
private GridBagConstraints gbConstraints ;

private Button btnA ;                    ← ボタンAの宣言
・・・・・・・・・
gbConstraints.gridx = 3 ;                ← 横の位置
gbConstraints.gridy = 2 ;                ← 縦の位置
gbConstraints.gridwidth = 1 ;            ← 幅
gbConstraints.gridheight = 2 ;           ← 高さ
gbLayout.setConstraints(btnA, gbConstraints) ;
add(btnA) ;                              ← ボタンAの登録
・・・・・・・・・
```

何通りかある定義方法のうちの一つ

```
       1   2   3   4
    ┌───┬───┬───┬───┐
  1 │   │   │   │   │
    ├───┼───┼───┼───┤
  2 │   │   │ボタ│   │
    ├───┼───┤ン ├───┤
  3 │   │   │A  │   │
    ├───┼───┼───┼───┤
  4 │   │   │   │   │
    └───┴───┴───┴───┘
```

表示エリアをマトリクスに分けて画面設計する

……。ニヤニヤ……。クラスを数えながらニヤニヤ顔のつるちゃんは、ほとんどお病気?

　トラブルも大小いろいろあるが、そのたびに悩みながら克服。Javaの本も3冊に増えた。こうして、ついに万能プラネタリウムが完成!　嬉しい。でも、VBで初めて星が表示された時よりも感動が薄い。苦労という点ではVBの時以上に多いはずなのに。

　理由はいくつかあると自己分析。一つは、開発で今まで散々苦労してきたから、苦労というものに慣れっこになっていたこと。もう一つは、パソコンの性能に慣れっこになっていて、パソコンの性能に感動しなくなっていたこと。そして何と言っても、「つるちゃんのプラネタリウム for Windows」ですでにやってしまっていたことだから、結果が見えていたことかな。

> ようし、この調子でドンドン他のも作るぞ、と意気込むつるちゃん。こうして2000年は暮れていった。ところがその後、本当にとんでもないことがつるちゃんを待ち受けていた。

——Javaアプレットによるプログラム作り——

## 18 プラネタリウムどころじゃない、自宅が全焼!

2001年1月7日

[万能プラネタリウム完成に浮かれるつるちゃん。しかし新年早々、ナント自宅が全焼するという災難に見舞われたのだ。]

　年が明けたらクルマを買うぞ、と思っていたつるちゃんは、その日は朝から中古車屋さんめぐり。けっこう気に入ったのがあって、クルマ屋さんで赤い福袋をもらってルンルン気分で帰ってきた。

　自宅が近づくと、「んっ？」自宅アパート付近に消防車やパトカーが止まってるゾ。そして、人だかりができている。「火事？」急いで駐車場へクルマを入れて自宅へ駆け寄る。もらった赤い福袋を下げながら。ナ、ナント自分の家が燃えて黒焦げになってる。しかも、いまだに一部からは白煙が上がっているではないか。

　火事だ、ガーン!!　頭の中にも白煙が立ちこめた。「どうか自分が出火元ではありませんように」と、そればかりを祈る。大家さんを見つけて事情を聞くと、どうやら自宅の階下から出火したとのこと。火元が自分ではないとわかってひと安心。

　一部で白煙が上がっているものの、とりあえずは鎮火していたので中に入ろうとすると、消防署の人が「床が抜け落ちるから気をつけろ」と言った。そんなにヒドイの？　玄関の扉がなくなっているから、鍵を開けるまでもない。家の中へ恐る恐る入ってみる。

　わあー、確かにこりゃあヒドイ。冷蔵庫や洗濯機や電子レンジは燃えて黒こげ、風呂のタイルも熱で変色しきっている。四角いはずだった電灯の傘はグニャリと曲がっていて、熱の激しさを物語っている。衣類は1着残らず燃えてしまった。でも、火のすぐ近くにあったはずの灯油の缶が燃えていないのが不思議やなあと、意外に冷静だ【53】。

　奥の部屋をのぞいてみる。こちらは燃えてはいないが、消防の水をことごとくかぶっている。壁土やらススやらで、ありとあらゆる物がグチョングチョン。とても住めるような状態じゃない。総じて言えば、半分黒焦げ、半分は消防の水。

まともに使えそうな物は何一つない！　左手に下げた赤い福袋が空しい。
　そうだ、パソコンは？
　アンギャー！　パソコンの原形はとどめているが、消防の水を大量にかぶったらしい。ノートパソコンの画面を開いたままにしていたので、キーボード部分に泥水がたまって、ディスプレイもドロドロ。逆さにすると、中から汚水がジョーッと流れ出した。案の定、電源が入らない。でも今はそれどころじゃない。今晩の寝場所を確保せねば。
　大家さんと交渉し、燃えていない隣の棟の空き部屋へ引っ越すことに決定。さらに悪いことにクルマも故障して動かなくなり、どうにもならない。急きょ福袋をくれたクルマ屋さんに電話しようとするが、電話がない。そういや電気も、ガスも、水道も、布団も、会社に着ていくスーツも、着替える服も1着もない！
　さっきまで普通に生活を送っていたのが、今自分が身につけている以外の物

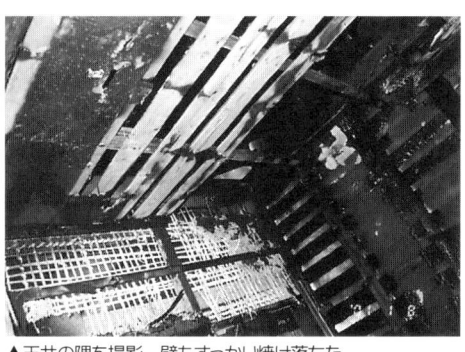

◀冷蔵庫の上の電子レンジに注目

▲天井の隅を撮影。壁もすっかり焼け落ちた

▲電灯もこのとおり、グニャリ

▶取り壊される自宅。ホッとしたような、寂しいような……

**【53】火事にあった自宅**
まさか自宅の火事の現場を写真撮影することになるとは！　さすがに生々しいでしょ。

は何もないという状態へ、一瞬にして陥ってしまった。この時の心境、経験のない人には絶対にわからんやろなあ。それにしても、阪神・淡路大震災の時にも自宅が半壊になるし、つるちゃんは不幸という名の星の下に生まれたのかも……。いくら星が好きでも不幸の星ではと、すっかり落ち込むつるちゃん。

　結局その日の夜は、新しい部屋で雑魚寝をしたのだが、結局寒すぎて一睡もできずじまい。次の日からは、クルマがダメになったので、新居からにぎやかな駅付近まで片道20分の道のりを何度も歩いて往復する。それも両手に重い荷物をかかえて、ああ悲惨。でも布団と毛布がないと、今夜も酷寒に耐えなければならないから必死だ。服のお店へ行くと、くつ下、下着、服にズボンにセーターに、上着、カッターシャツ、ネクタイと、あらゆる衣類を買いあさる。時間がないから、本当に手当たり次第だ。そんなつるちゃんを見て、店員の人はけげんそうな視線を浴びせる。でも今はそんなこと、どうでもええわ。

　家に帰ると、今度は火事の現場から、もしかしたら使えるかも、というものを次々と新しい家へ運んでいく。そうこうしていると、冬の短い一日は、あっと言う間に暮れてしまった。昨日まで自分が住んでいた家の中を、外から懐中電灯で照らすと、まるでお化け屋敷のよう。足が震えて恐ろしくて家の中に入れない。1日が終わって、もうグッタリ。おまけに今日はハッピーマンデーで休日なので、新居へは電気もガスも来ない。よって風呂にも入れず、ススのにおいが鼻についてとれない。何がハッピーマンデーや、ええ加減にせえ。

　結局、その後も会社を3日休んで復旧活動に専念。久々に会社に出ると、人の苦労も知らないで、「なんか焦げ臭いと思ったらつるちゃんか」、「なんや、生きとったんか」、「焼け太りのつるちゃんや」などと好き放題に言われる始末。え〜ん。

　　　　[ **つるちゃん、最悪の事態で言葉もなし。**　　　　　　　　]

# 19 つるちゃん復活

2001年1月～3月

[新年早々自宅が全焼するという災難に見舞われたつるちゃん。その後はどうなったのかな？]

　火事で文字どおりゼロからのスタート。あらゆる物をイチから買いそろえなくちゃいけない。服から家電製品から何から何までで、もう大変。で、パソコンはどうしたかって？　修理に出そうとお店に持っていくと、店員いわく「10万くらいかかりまっせ」。ガーン。でも、見積もりを頼んできた。

　その後1か月半ほどの間は週末になるとお買い物。初めて一人暮らしを始めた時よりも激しい買い方だ。買うというよりも買いあさっているというのが正しい表現かも。この不景気のご時世にあって、特売日でもないのにこれだけ必死に買いあさっているのは、つるちゃんくらいだ。復旧活動の後半には新しいクルマもきて、一気にはかどる。そのうち火事の部屋も取り壊されて、何か寂しいようなホッとしたような複雑な心境。

　パソコンを修理に出していたお店から修理完了の電話が入る。なんと修理代は1万円そこそことのこと。一瞬、なんでやねん。どうやら、画面のカバーと電源部を交換しただけですんだので、お安いようだ。ラッキー。

　ということは、ハードディスクは無事ということか。これまた、ラッキー。

　普段から一応最低限のものだけは、CD-Rへ定期的にバックアップをするようにはしていた。あの開発のつらさを考えると、バックアップを取るくらい楽なもんだから。といっても、開発環境以外はあまりバックアップを取っていない。もしも、パソコン付属のリカバリ用CD-ROMで、一から復旧するとなると大変な作業だし、もとに戻らないデータもたくさんあるだろう。また、開発環境もバックアップがあるとはいえ、火事と放水にあったCD-Rから、まともに復元できるかどうかの保障はない。ハードディスクちゃん、よくぞご無事で！　そんな心境だ。と同時に、バックアップの大切さを再度認識[54]。

　パソコンの電源を入れると懐かしい画面がよみがえる。作りかけの「つるちゃんのプラネタリウム」シリーズもあって、ウレッピィ〜。でも火事のショックから

―Javaアプレットによるプログラム作り―

```
┌─────────────────────────────────────────────────┐
│              バックアップ                        │
├─────────────────────────────────────────────────┤
│ ■バックアップの種類                              │
│ ・全面バックアップ      ・部分バックアップ        │
│                                                 │
│ ■部分バックアップの対象                          │
│ ・プログラムソース      ・作成したデータ          │
│ ・作成したメモやドキュメント ・参考となるドキュメント類 │
│ ・その他                                         │
│                                                 │
│ ■バックアップの周期                              │
│ ・定期的にバックアップできれば一番よい            │
│ ・開発のスピードに合わせて2日から2週間に一度程度は必要 │
│ ・できれば全面バックアップも取りたいところ        │
│ ・変更の少ないものはバックアップ対象から外してもよい │
│                                                 │
│ ■媒体の保管                                     │
│ ・パソコンとは離れた別の場所へ保管するのが一番よい。火事や │
│   地震に遭ってパソコンも保存媒体も両方失わないとも限らない。│
│ ・私は火事にも地震(阪神・淡路大震災)にも遭いました！ │
└─────────────────────────────────────────────────┘
```

【54】プログラム開発時のバックアップ
プログラム開発時にバックアップは必須！ バックアップがないと、万一の場合にすべてを失ってしまう。どうにもならなくなり、プログラムをもとに戻したい場合にも有効だ。そうわかっていても、一度痛い目に遭わないと真面目に考えられないものではあるが……。

か、プログラム作りを再開する気に全然なれない。それどころか、作りかけのプログラムなどは、見てみようという気にすらならない。やはりこの時点では、まだ火事の現場から運び入れた「使えるか使えないかわからない物」の方が気になるようだ。これらの物件を一つずつ順番にチェックしていく。

それにしても、消防の水って何なんだ。水をかぶったほとんどの物は変色して、独特の臭さがしみこんでいる。あー汚い、あー臭い。ここ1か月ほどの間、部屋中がこの臭さで充満している。プンプン、私臭う～っ？　ああ、ホンマに臭ってきた。おまけに、どこかのCMにある「もう擦らないでね」って言われそうなくらいにゴシゴシ擦っても、全然とれない。もうほとんどあきらめ状態になってきた。あっちのもポイ、こっちのもポイと、捨てられるものは全部ポイポイと捨てていく。

ここで、悲しいお知らせ。昔、学生時代に愛用したパソコンの電源が入らないことが判明。「つるちゃんのプラネタリウム for Windows」の完成を見て安心

**【55】当時の5インチのFDと現在のCD-R**
1980年代後半のころ、一般的に使用されていた保存媒体が5インチのフロッピーディスク（左）。パソコン歴の短い人は、見たことすらないかも。現在ではCD-RやCD-RWなどが主流で、書き込み用のDVDも普及しつつある。私の開発した天文ソフトもCD-Rへ保存している。こうして両者を並べると、時代の変化を感じてしまう。

したかのように、静かに息をひきとった。でも、プログラムの入った5インチのフロッピーディスクだけは永久保存としておこう【55】。

　片づけも完全に終わり、臭い物をことごとく捨てたおかげで、家の中の臭いも薄らいできた。火事から2か月半ほど経った3月中旬くらいになって、ようやく気持ちの方も落ち着いてきた。暇な時間も徐々に増えてくる。なんだか脳ミソの奥の方が、ウズウズとしてきた。ひさびさに「つるちゃんのプラネタリウム」でもやってみるか！

　　　　[ **つるちゃんようやく立ち直る。**　　　　　　　　　　　　]

## 20 ほぼ完成、そして次なる構想

2001年4月

[ 火事から復活したつるちゃんのその後は？ ]

　火事から復活したつるちゃんは、再びプログラム作成に取りかかる。でもその前に、今まで何をやっていたのかを思い出さなきゃ。そうそう、Javaアプレット版の万能プラネタリウム完成のところで止まってたんだった。プログラムの流れは次のようだったかな。まずは、日付と観測地を画面入力から取り込む。星と惑星の位置を計算する。そして結果を画面へ表示する。大きく分けるとこの3段階だったはず。これから作るプログラムも、大きな流れはそれほど変わらないだろう。

　たとえば、「惑星の経路（惑星が動く道筋を星空を背景に表示する）」の場合を考えてみよう。日付や観測地を画面から取り込む部分は、万能プラネタリウムとほとんど同じだから、かなりの部分をそのまま使えそう。星と惑星の位置計算も基本的には同じだが、経路表示のために日付を変えながら連続計算する処理が必要になる。最後の、星を画面へ表示する部分は、惑星が動く経路を表示しないといけないので、この部分のプログラムを作り込む必要があるだろう。こうして考えると、半分強くらいは万能プラネタリウムのプログラムをマネすればOKそう。オブジェクト指向にも少し慣れてきたし、今までみたいに苦労することはないはず[56]。

　今までのつるちゃんならば、「苦労することはないはず」、「簡単そう」といった期待はことごとく裏切られてきた。ところが今回のつるちゃんはひと味違う。惑星の経路、月齢カレンダー、日食・月食などを次々と作り込んでいく。4日で一つのタイトルができあがっていくという、ものすごいペースだ。つるちゃん、いつになく絶好調!!　本当にこんなに好調で、楽しい日々が続くなんて夢のよう。ひょっとすると、つるちゃんは火事で生まれ変わったのかも。そして1か月後には、予定どおり全部で九つのタイトルを作りきって、「つるちゃんのプラネタリウム for Javaアプレット」もめでたくおおむね完成！　機能的にはちょっと不満が残る面もあるが、今後の宿題としよう。

```
■画面からのデータ取り込み
  日付と時刻を取り込む
  観測地を取り込む
  表示図法と方角を取り込む
  天の川や星座名などの表示有無を取り込む
  経路を描く対象惑星を取り込む
          ↓
■天体の位置計算
  星の位置計算
  惑星の位置計算
  天の川や星座名などの計算
  対象惑星の経路の計算
  対象惑星の明るさや見かけの大きさなど、惑星情報の計算
          ↓
■結果の画面表示
  星の表示
  惑星の表示
  天の川や星座名などの表示
  表示方向を惑星の見える方向へ固定し、惑星の経路の表示
  惑星情報の表示
```

[凡例] 「惑星の経路」でも大部分がそのまま使える  「惑星の経路」のためにプログラムの作成が必要

**【56】「万能プラネタリウム」と「惑星の経路」の流れ図比較**
一つのプログラムが完成すると、他のプログラムで流用できる場合も意外と多い。「惑星の経路」の場合、「万能プラネタリウム」のプログラムに加えて星座間を動く惑星の経路を表示したり、明るさや見かけの大きさといった惑星の情報を表示するプログラムが必要になる。

　こうして5か月前に完成した「つるちゃんのプラネタリウム for Windows」が、今度はインターネット専用プログラム「つるちゃんのプラネタリウム for Javaアプレット」として生まれ変わった【57】。これを使えばインターネット上で天文シミュレーションができる!! これほど多岐にわたる天文シミュレーションを実現したサイトが今までにあっただろうか？ つるちゃん、ちょっと嬉しくて興奮気味に自画自賛。まだインターネット上で公開もしていないのにね。

　Javaアプレット版が完成しても、喜んでばかりはいられない。今まで1年半ほどかけて作ってきたプログラムを、インターネット上で公開しないと。でなきゃ、何のために苦労してきたのかわからない。なんとか年末までには、つるちゃんのホームページを開設するんだ。それも他の人には真似できない、天文ファン

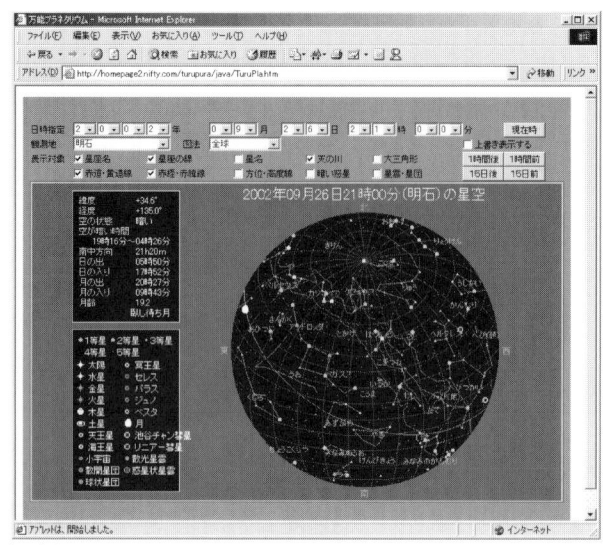

■万能プラネタリウム
図は全球プラネタリウムの表示例で、日時や観測地、表示図法などを簡単に変更できる。また、必要に応じて星座の線や補助線、星の名称などの表示をON/OFFできる。

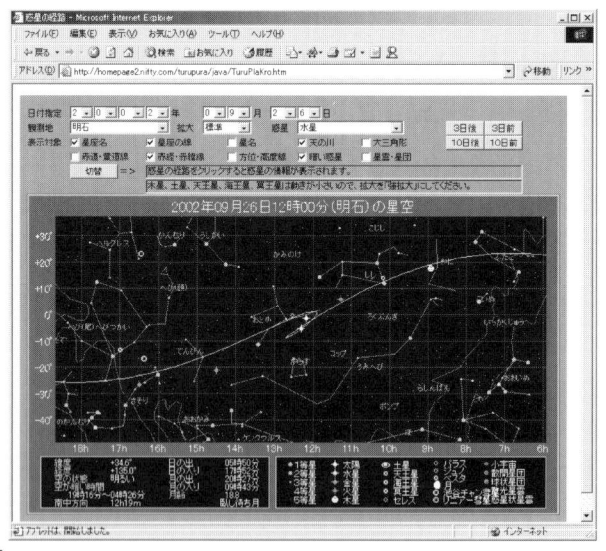

■惑星の経路
星座間を動く惑星の通り道を表示することができる。図は水星の経路を表示した場合の例。表示された惑星の経路をクリックすると、その場所にいる惑星の各種データを表示できる。

【57】Java アプレットの表示例
九つのタイトルのうち、お気に入りのものを挙げてみた。画面上部に配置したプルダウンから日付や観測地を変更できる。

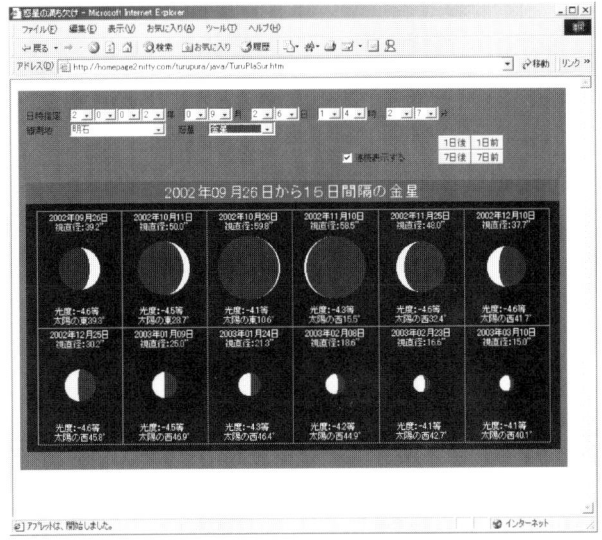

■惑星の満ち欠け
水星、金星、火星、月の形や見かけの大きさの変化を表示する。図は金星の形を連続表示させた例。

のためのページを。プログラムを公開して、つるちゃんはインターネットに華々しくデビュー。アホみたいに夢だけはドンドンとふくらむが、作ったプログラムを公開して、星空の解説をするという以外は、どんなホームページにするのか、まったく構想がない。

> 今度はいよいよホームページ作成に取り組むことになったつるちゃん。夢ばかりふくらんでいるようだけど、世の中そんなに甘くは……？

つるちゃんの
の
プラネタリウム

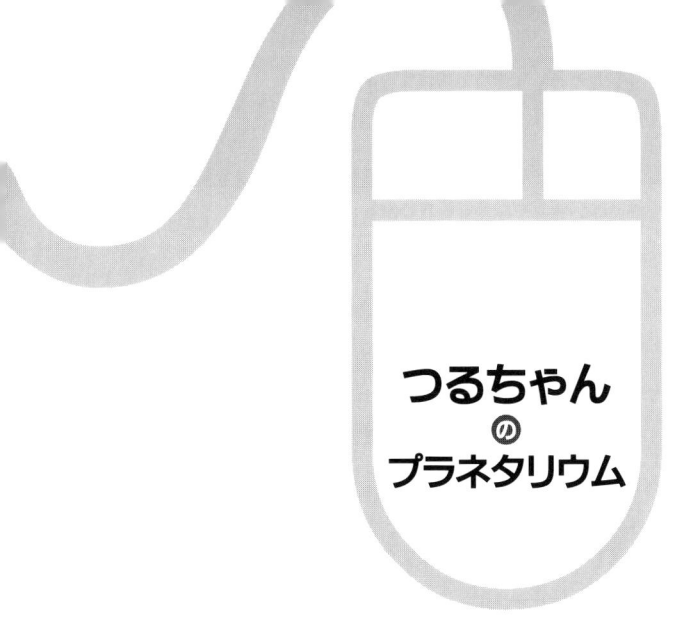

# ホームページ作成ソフトによる
# ホームページ作り

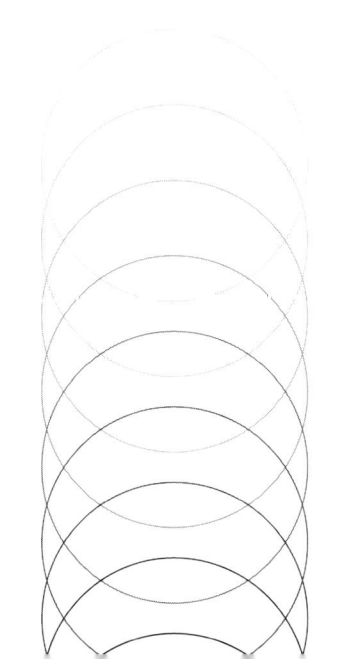

# 21 いよいよホームページ作成

2001年5月

[　さあ、最終目標のホームページ作成へ突入だっ。　]

　インターネット版の天文シミュレーションプログラム「つるちゃんのプラネタリウム for Javaアプレット」が完成した今、残る目標はただ一つ。年末までにインターネットへホームページを公開するのだ!!　最終目標だけに気合が入る。ウォッスッ。でもハッキリ言って、どんな構成にするのかは、ほとんどまったく決まっていない。これからホームページを作りにかかるのだから、ここらでちょっと真剣に構想を考えておこう。

　今の時点で言えるのは、天文シミュレーションができること、天文プログラムをダウンロードできること、そして、天文シミュレーションプログラムでは語ることができない星空の解説をする、ということだけだ。そのわりには「みんなにブックマーク（お気に入りとして登録すること）をしてもらいたい」、「う～む、使えるサイトやなあと、うならせたい」、挙句の果てには「雑誌で紹介されるくらいでなきゃ」とか、とにかく望みは高くなる一方だ。ここでついに合言葉ができた。「目指せ、インターネットの天文アイドル!!」あきれ返って、モノも言えんわ。

　といってもつるちゃん自身は、もちろんホームページを作るのは初めてだし、どうすればよいのかのノウハウもまったくない。どうしようか、ない知恵をしぼって考える。まずは、ホームページを訪ねてくる人のターゲットを決めよう。ターゲットとは、誰に見てほしいかということ。天文関係といってもいろいろな分野がある。アレもコレもひとりで作るのが無理なことはわかりきった話。そして結局のところ「ちゅう～とはんぱやなあ～」と笑いのネタにされてしまうのがオチだ。

　ところで、最近ではプラネタリウムの来館者数が減ってきていて、中には伝統のあるプラネタリウムが閉館に追い込まれた例もある。寂しい話じゃないか。なんとか、ひとりでも多くの人に星空の素晴らしさを知ってもらいたいものだ。このことを原点に考えると、ターゲットは「星空を見てみたいけど、どうやって見たらいいのかよくわからない」といった、星空を見るのが初めてかそれに近い人になりそう。天文シミュレーションプログラムは天文マニアの人にも使ってもら

■ジャンル

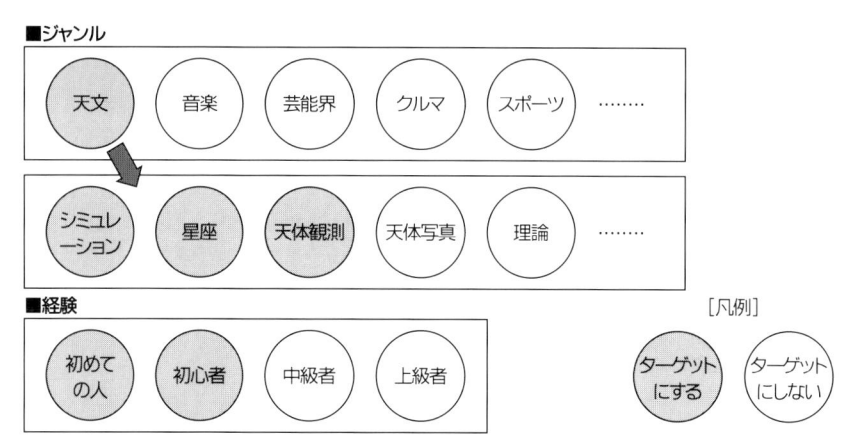

○ 天文　　○ 音楽　　○ 芸能界　　○ クルマ　　○ スポーツ　　………

○ シミュレーション　　○ 星座　　○ 天体観測　　○ 天体写真　　○ 理論　　………

■経験

○ 初めての人　　○ 初心者　　○ 中級者　　○ 上級者

[凡例]　○ ターゲットにする　　○ ターゲットにしない

**【58】ターゲットの構想**
ホームページを訪れる人を考えた時に、星を見るのが初めてという方を対象にする場合と、天文マニアの方を対象にする場合では、話題や使う語句などが当然変わってくるはず。ターゲットが曖昧だと、焦点がぼやけたページとなってしまう。ここでは、星を見るのが初めてか、それに近い方を想定してホームページを作ることにした。

えそうだけど、その他の部分では、天文マニアは今回のターゲットから外しておく【58】。つるちゃんはもともと天文マニアではないし、マニアが相手だと何かと疲れる。

　えっ？　つるちゃんは天文マニアじゃないのかって？　残念ながら、天文マニアではありませんヨ。だって「天文」の文字を見てもよだれが出ないモン。でも「天文」の後ろに「シミュレーション」の文字がつくと？　「天文シミュレーション」。ああ、考えただけでよだれが出てきた。エサを前にしてよだれをダラーと流した犬みたいなつるちゃん。ウーッ、ワン、ワン。

　さあ、ターゲットは決まった。ここで再び考える。

　ホームページには何が必要？　星空を見るのが初めてか、あるいはそれに近い人がターゲットなら、天文用語はわかりにくいだろう。いきなり天の黄道がどうのこうのといっても、とてもわかってもらえそうにない。まずは、星空を解説するために必要となる天文用語集を作ろう。これを作っておけば、解説のたびにあちこちから呼び出せて、何かと役に立ちそうだ。それからぜひとも欲しいのは、星座の解説。これがないと星の世界は始まらない。他には？　他には毎月の天文現象の見どころや、珍しい天文現象なんかを紹介できたら楽しそう。初めて星を見る人のために注意点なんかも書いておくとGoodかな。最後にはつる

```
┌─────────────────────────────────────────────────┐
│         ホームページ つるちゃんのプラネタリウム    │
│  ■観測ガイド                                     │
│  ・毎月の主な天文現象の見どころや特集記事など      │
│                                                 │
│  ■つるちゃんのプラネタリウム for Java アプレット   │
│  ・Javaアプレット版プログラムによる天文シミュレーション │
│  ・万能プラネタリウム、惑星の経路、月齢カレンダーなどの9タイトル │
│                                                 │
│  ■四季の星座                                     │
│  ・春夏秋冬に見られる主な星座の見どころを解説      │
│                                                 │
│  ■天文用語ミニ解説                               │
│  ・よく使う約150語の天文用語を簡単に解説          │
│                                                 │
│  ■珍しい天文現象                                 │
│  ・Windows版プログラムによる珍しい天文現象の紹介   │
│  ・地球からは見ることのできない星空も紹介          │
│                                                 │
│  ■星空ウォッチングを始めよう                     │
│  ・初めて星空を見る方への注意点など                │
│                                                 │
│  ■ダウンロードとご購入                           │
│  ・Windows版プログラムのフリー版ダウンロードとシェア版購入の案内 │
│                                                 │
│  ■つるちゃんの紹介                               │
│  ・つるちゃんに関する簡単な紹介                    │
│  ・この本の原型となった「つるぷら作成奮闘記」       │
│                                                 │
│  ■リンク集                                       │
│  ・他の天文関係サイトへのリンク集                  │
└─────────────────────────────────────────────────┘
```

【59】ホームページの各タイトルとその概要
これだけのタイトルがそろえば、けっこう立派なホームページになるだろう。欲張りすぎると後が大変なんだけど。

ちゃん自身の紹介も入れておこう。

　結局、今の段階では次のようなタイトルを作ることに決定。「観測ガイド」、「つるちゃんのプラネタリウム for Javaアプレット」、「四季の星座」、「天文用語ミニ解説」、「珍しい天文現象」、「星空ウォッチングを始めよう」、「ダウンロードとご購入」、「つるちゃんの紹介」、「リンク集」。これだけあったら名サイトになるでえ！　この先訪れる不幸のことも知らずに、ニヤケ顔のつるちゃん【59】。

　想像ばかりしていてもしようがない。ホームページの構想はこれくらいにして、まずHTMLなるものを勉強しようか。ホームページの基本部分の多くはHTM

【60】主なHTMLタグ
ホームページはHTML言語によって、その大部分が記述されている。HTML言語はタグと呼ばれる目印によって、〈タグ名〉〜〈/タグ名〉の形式をとる場合が多い。

主なHTMLタグ

| タグ | 説明 |
|---|---|
| <HTML> | HTMLファイルであることを示す |
| <TITLE> | HTMLファイルのタイトルを付ける |
| <BODY> | ブラウザで表示される部分を指定する |
| <BR> | 改行する |
| <P> | 段落の始まりを指定する |
| <A> | リンクを挿入する |
| <FONT> | 文字の属性(大きさ、色など)を定義する |
| <IMG> | 画像を挿入する |
| <TABLE> | 表を定義する |
| <TBODY> | 表の本文をグループ化する |
| <TR> | 表の行を定義する |
| <TD> | 表の列を定義する |

【61】HTML文と画面表示結果の例
上のHTML文をブラウザで表示すると右のようになる。HTML文だけを見ると、とてもややこしそうでビビッてしまうかもしれないけど、ホームページ作成ソフトの力を借りれば、HTML文なんて全然わからなくても大丈夫。

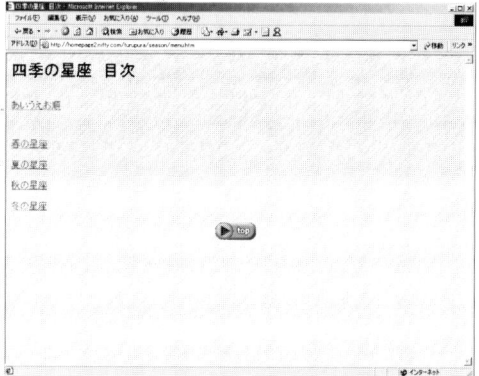

Lなるもので書かれている。たとえば、

　　〈FONT color=red〉しし座流星群について〈/FONT〉

とHTMLで書いておけば、ブラウザで表示すると

　　しし座流星群について

と赤色で表示されるくらいのことは知っている。しかし、それ以上のこととなると未知の領域。〈〉でくくられた命令はタグと呼ばれていて、先の例ではFONTや/FONTがタグになる【60】【61】。実はこういったタグをいちいち覚えておく必要は全然なくて、広く世間に出回っているホームページ作成ソフトを使えば、チョ

――ホームページ作成ソフトによるホームページ作り――

チョイのチョイのはずだ。現に、ホームページを公開している方の大半は、何らかの形でホームページ作成ソフトを使っている。とはいえ、HTMLのタグを覚えておくと、自分でチョコチョコ修正したりするのには何かと便利。

　いずれにしても、HTMLを理解しておくに越したことはない。さっそく本を買ってきてHTMLのタグを勉強してみる。なになに、始めは<HTML>で始まって、改行が<BR>で、段落を作るのが<P>で、画像の挿入が<IMG>で、表の作成が<TABLE>と<TR>と<TD>で、……。こりゃあかん。全然ピンとけえへんでえ。アカン、アカン、こんなことをやってたら、すぐに1か月、2か月と日が経ってしまいそうや。あ～面倒くさっ、ホームページ作成ソフトを買ってみようか。我ながら、なかなかの安直さ。それでいきなりホームページ作成ソフトを買ってきてしまった。

　ソフトをインストールして立ち上げてみる。「……（言葉を失う）」。この機能の多さは何だ。おおっ。また嫌な予感がしてきたぞおおおおお！

> 嫌な予感は的中するために存在する。またまた苦難の始まりか？？

## 22 ホームページ作成ソフトは……

2001年5月下旬

[ はたしてホームページ作成ソフトとはいかなるものか。 ]

　買ってきたホームページ作成ソフトを立ち上げてみる。わあ、すごい。機能が山盛りだ。文字の強調、斜体、大きさの変更はもちろん、中央揃え、上詰め、インデント設定もOK。ここまできたら、もうワープロの世界だ。その上、表作成にロゴ（絵文字）の作成、そして背景画像などの素材集やアニメーション作成ツールまであって、いたれりつくせりなようだ【62】。でも、何から手がければいいのか全然わからんなあ。マニュアルでも読んでみようか。う～ん、やっぱりようわからん。

　しかし、何かしないことには何も始まらない。はたして何から始めたらいいか。つるちゃんのホームページは若葉マークの初心者がターゲットだから、星空を解

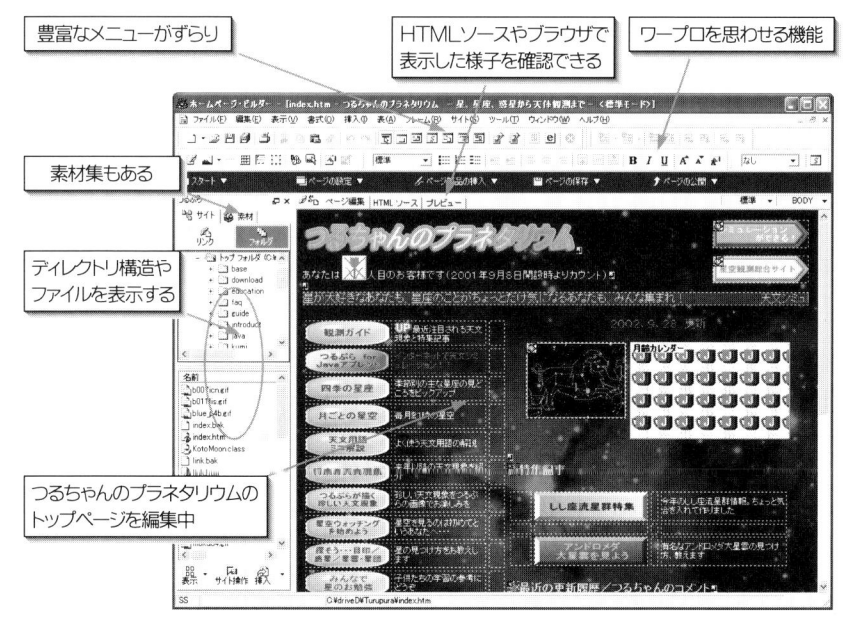

- 豊富なメニューがずらり
- HTMLソースやブラウザで表示した様子を確認できる
- ワープロを思わせる機能
- 素材集もある
- ディレクトリ構造やファイルを表示する
- つるちゃんのプラネタリウムのトップページを編集中

**【62】ホームページ作成ソフト（ホームページ・ビルダー）による作業画面**
ホームページ作成ソフトを使うと、HTML言語を知らなくても、ホームページを簡単に作ることができる。文字や画像の配置の設定など、ほとんどワープロ感覚でできてしまう。

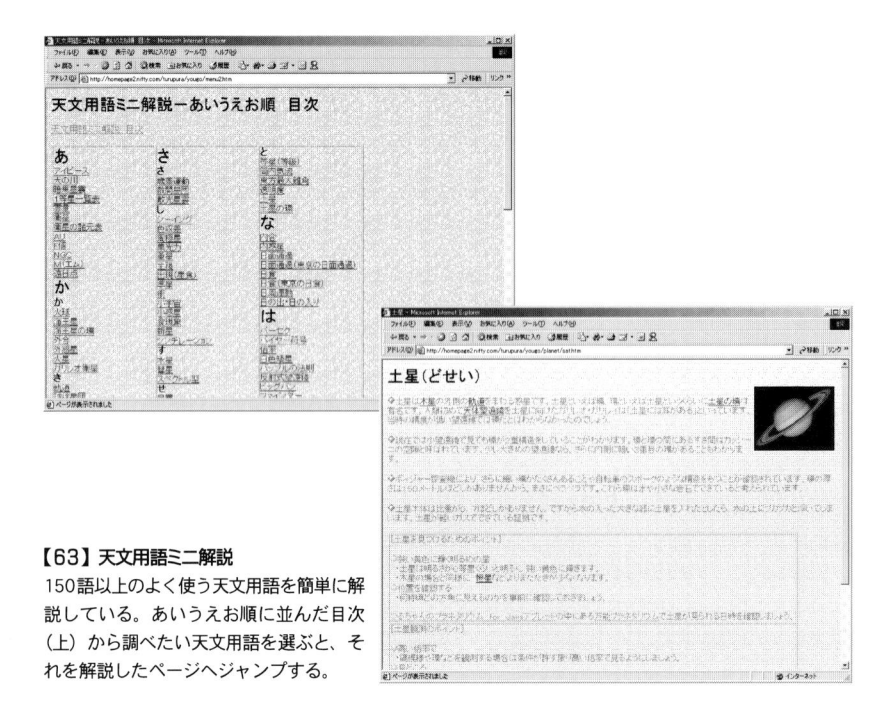

**【63】天文用語ミニ解説**
150語以上のよく使う天文用語を簡単に解説している。あいうえお順に並んだ目次（上）から調べたい天文用語を選ぶと、それを解説したページへジャンプする。

説する時には天文用語の解説が必須だ。はじめに天文用語解説集を作っておかないと、後から天文用語へのリンクを張る（ジャンプ先を設定する）のは大変そう。だからはじめに天文用語解説を作っておこう【63】。

　手始めにページの背景画像を設定する。ホームページ作成ソフトには素材集が用意されているから、これを選んでみる。その中から壁紙用素材というボタンを発見。さっそくクリックしてみると、壁紙の候補がたくさん出てきた。とりあえず、最初の候補をダブルクリックしてみる。おっと、もう背景画像ができちゃった。でもピンク色のチェック模様で、ほとんど少女趣味のページだ。「あらまあ、いやね～、つるちゃん、どうしましょ？」どうもこうもない。このままでは恥ずかしいので、別の画像へ変更して背景画像は設定完了。

　次はタイトルを作ってみる。タイトルとなる天文用語を、ワープロ風に打ち込んでみる。打ち込んだタイトル文字を選択状態にして、文字拡大のボタンを押す。すると文字がどんどんと大きくなって、タイトルらしくなった。次は用語の説明本文。説明にアクセントをつけるためにマークをつけようか。先の素材集の中からリストマークを選択すると、マークの画像候補が表示される。気に入った

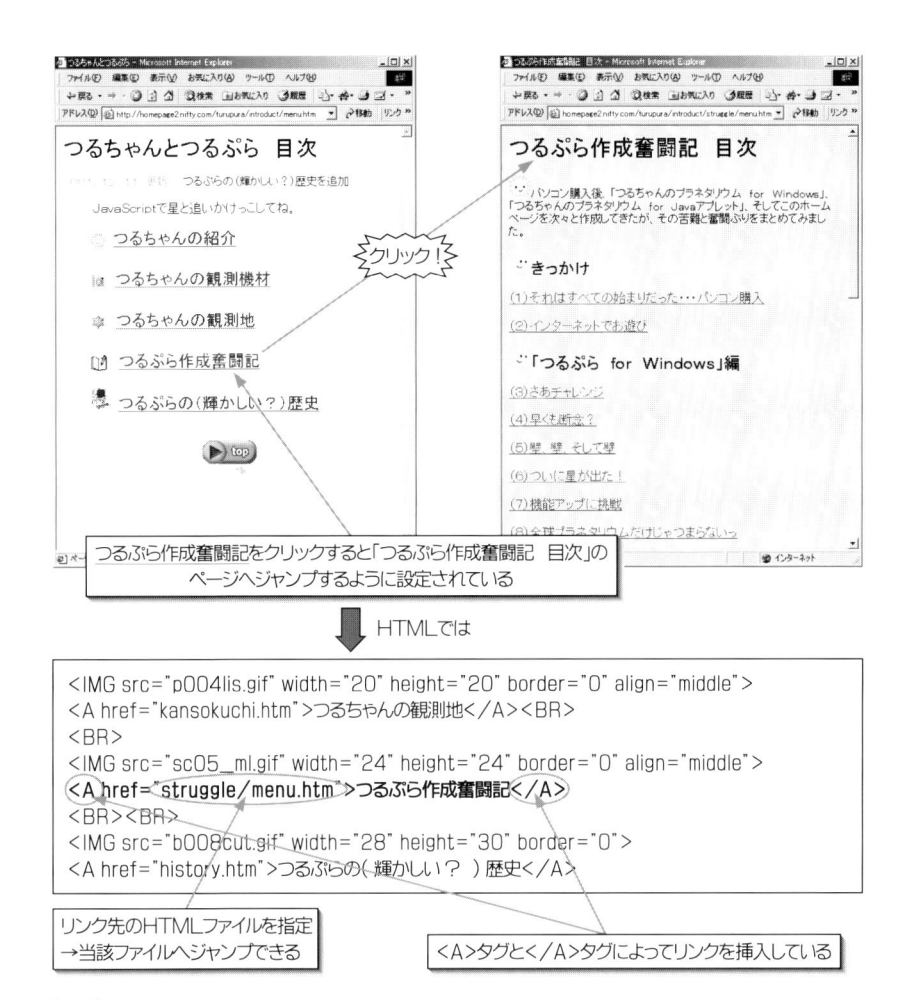

つるぷら作成奮闘記をクリックすると「つるぷら作成奮闘記　目次」の
ページへジャンプするように設定されている

HTMLでは

```
<IMG src="p004lis.gif" width="20" height="20" border="0" align="middle">
<A href="kansokuchi.htm">つるちゃんの観測地</A><BR>
<BR>
<IMG src="sc05_ml.gif" width="24" height="24" border="0" align="middle">
<A href="struggle/menu.htm">つるぷら作成奮闘記</A>
<BR><BR>
<IMG src="b008cut.gif" width="28" height="30" border="0">
<A href="history.htm">つるぷらの(輝かしい？)歴史</A>
```

リンク先のHTMLファイルを指定
→当該ファイルへジャンプできる

<A>タグと</A>タグによってリンクを挿入している

【64】リンクとは
文字や画像をクリックすることで、別のページを表示させることができるが、これをリンクという。HTML文では<A>タグと</A>タグを使用する。

のを見つけてダブルクリック。これは簡単、もうマークができちゃった。説明文もひととおり書き終えて、意外にスンナリと天文用語解説の一つができあがった。
　できあがったページを表示して全体を眺めてみる。う～ん、用語解説としてはこんな感じなんだろうけど、どこか物足りない感じ。何ていうか、天文用語解説をするだけでは能がない、という印象。解説した用語に関連する別の用語へジャンプできると、ちょっといいかも。そこで、用語解説の各ページの一番下の行へ

——ホームページ作成ソフトによるホームページ作り—— **103**

関連用語へのリンクをつけ加えることにする。うん、うん、前よりはちょっと賢いページになった。

　これで天文用語解説の1ページがめでたく完成！　結局のところ、さほど苦労することもなく、ほとんどワープロ感覚でできてしまった。な〜んだ、できてしまえば簡単じゃん。今度は天文用語解説のメニュー画面を作ってみよう。先に作ったページの要領で編集してみる。シャカ、シャカ。おっと、もうできちゃった。メニュー画面から先に作った用語へのリンクも張ってみよう【64】。ああ、メニューバーから［挿入］－［リンク］で一発や。

　あまりの簡単さにすっかり拍子抜けしてしまった。これならつるちゃんでも大丈夫そう。「♪Um〜ラブレボリューショーン……」。

［　つるちゃん、「モーニング娘。」の鼻歌まじりで予想外に絶好
　　調！　　　　　　　　　　　　　　　　　　　　　　　　　　］

## 23　ホームページよ、お前もか！ －苦痛の日々－

2001年6月

> ホームページ作成ソフトのおかげで、簡単にいきそうに思えたホームページ作りだが。

　天文用語解説を手がけたのはいいが、「一つの用語を解説しようとすると、また別の用語を解説しないといけなくなる」ということに気がついた。当たり前か。天文用語解説は当初は50語も作れば十分だと思っていたが、解説が必要な語句が芋づる式に出るわ出るわ。たとえば土星の解説をすると、

　　土星 → 土星の環 → 他の惑星の環
　　土星 → 惑星 → 太陽系
　　惑星 → 土星以外の惑星
　　惑星 → 衛星 → 衛星の一覧表……、

といった具合だ。用語がドンドンとふくらんできて、連想ゲームが得意になりそう。ただし、天文分野のという前提つきだけど。

　こういった調子で、関係のある用語の説明を順番に一つずつ作っていく。その中でしみじみと思う。普段は何気なく使っている単純な天文用語。でも、初めての人にもわかってもらえるように、文章で説明するとなるとけっこう大変やなあ。言葉にならないこの想い……、どこかで聞いた曲のフレーズのようだ。よほどキッチリわかっていないと、他の人に説明などとてもできない。

　たとえば「流星群」。流星が多く流れる日？　う～ん、違うなあ。説明文を書くためのワープロ打ちをしている指がピタリと止まって、そのまま動かなくなってしまうこともしばしば。そのたびに本を引っ張り出して用語の意味を調べてみる。それぞれの用語にはキッチリした定義があるのだけど、つるちゃんなりに自分の言葉で書きなおす。しかし、ここでまた悩んで「う～む」の状態。「毎年決まった時期になると、決まった方向から流星が飛んでくるように見える」、これを流星群ということで説明しよう。

　いい加減にしかわかっていないつるちゃんにとって、天文用語解説はかなりつらいことがハッキリしてきた。そんなわけで、説明文を読み返してみても意味が

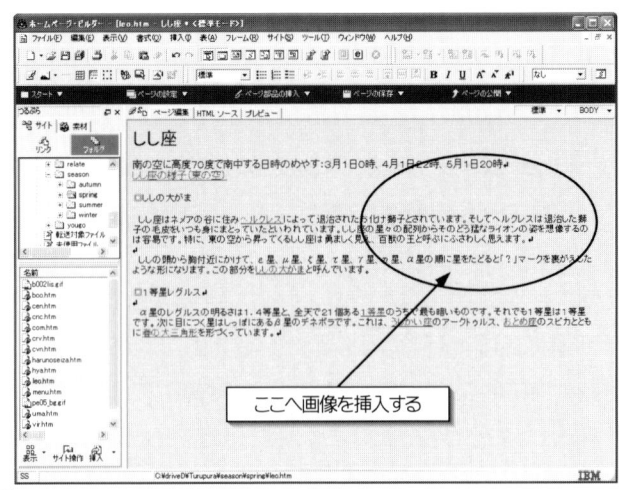

■画像挿入前
しし座を解説するページがある。ここへしし座の星図の画像を挿入する。

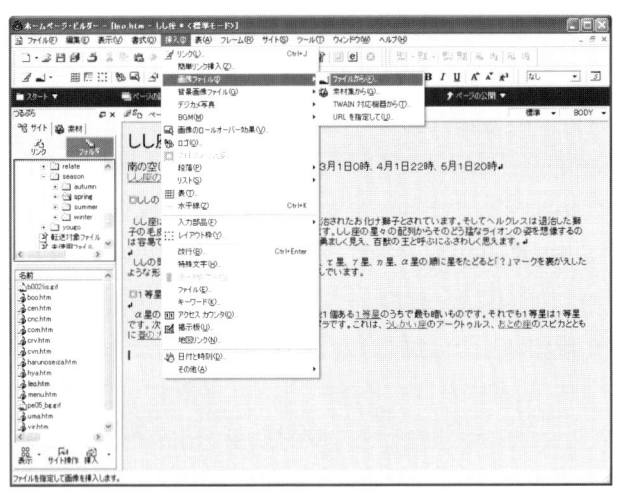

■メニューより選択
メニューバーより[挿入]−[画像ファイル]−[ファイルから]を選択する。次にファイル選択ウィンドウより、表示するファイルを選択する。

## 【65】画像を挿入する操作の例
ホームページソフトによる操作の一例。画像を挿入するだけでなく、リンクを張る、段落を作る、中央揃えにするなどの基本操作も一発でOKだ。

■画像の表示結果
ご覧のように、星図の画像が表示された。解説の文章はブラウザの機能によって、ウィンドウ幅と画像の大きさに合わせて、自動的に調整される。

わからんでえ、という箇所が随所に見受けられる。まあええやん、しゃあないんとちゃうかあ。自分が不得手な分野になると、相変わらずいい加減なつるちゃん。しかし天文用語解説のおかげで、つるちゃん自身もちょっと賢くなった？

それにしても単調な作業が続くなあ。天文用語解説も苦手だし、この作業はだんだんつらくなってきた。最初は鼻歌まじりだったのが、今や出るのはため息ばかり。はあ〜。結局、ため息まじりの天文用語解説は150語以上も作ってどうにか一件落着。

今度は指向を変えて、四季の星座でも作ろうか。四季の星座では、春夏秋冬それぞれの季節に見ることのできる主な星座について、見どころや神話を簡単に解説する。

まずは春の星座から作りはじめよう。春の星座といえばしし座。ネメアの谷の化け獅子がヘルクレスに退治されてしまうギリシャ神話を紹介して、つるちゃん自身もちょっとギリシャ神話の世界を楽しむ。う〜、なんてロマンチストなつるちゃん！ しし座には天体望遠鏡で見やすい銀河があるので、そちらも紹介しておこう。そうそう、有名なしし座流星群にもふれておかなきゃ。

解説をひととおり書き終えて読み返してみる。雰囲気はいいのだが、どこかさみしい感じ。そうだ、先に作った「つるちゃんのプラネタリウム for Windows」で表示した星座の画像を貼り付けてみよう。ほ〜、少しのことで大違い。星座解説のページらしくて、なかなかいい感じになった【65】。

―ホームページ作成ソフトによるホームページ作り― **107**

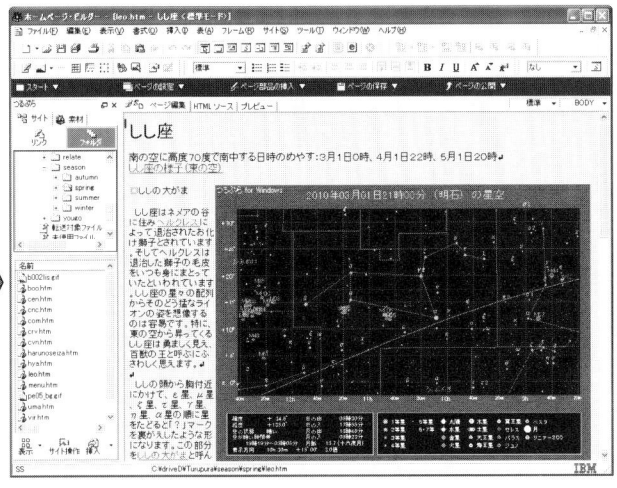

四季の星座は、天文用語解説とは少し指向が変わって、確かに最初は気分転換になった。でも二つ目の星座、三つ目の星座と作るにしたがって、楽しさがだんだんと消えてきた。星座10個分も作ると、もう飽き飽き状態。ああ、またまた単調な作業と化してきてしまった。しかし、ここは気力で持ちこたえるしか他に方法がない。プログラム作りとは別の意味で、ホームページ作りも大変だと痛感する。「プログラム作り＝努力」に対して「ホームページ作り＝忍耐」。いずれにしても大変であることに変わりはない。

　ホームページよ、お前もか！　忍耐に忍耐を重ねて、全部で88ある星座のうち、半分強となる47星座のページを作った。本当は全部の星座分を作りたいのだけど、考えただけで目まいがしてきた。もう47星座でええわ、はい終了、はい終了。

> 予想外の単調な作業に悩むつるちゃん。しかし、こればっかりは解決の糸口はなさそう。耐えよ、ひたすら耐えるのだ、つるちゃん。

## 24 さらに苦痛な日々
2001年8月上旬

［単調な作業が続き、早くも嫌気がさしてきたつるちゃんだが。］

　ホームページ作りはとにかく単調な作業の連続だ。この単調さといえば、「つるちゃんのプラネタリウム for Windows」の操作事例集を作るために100ページのワープロ打ちをした時以上だ。もうほとんど「作らねば」という義務感だけしかない。うつろな目にふやけてきた頭。「目指せ、インターネットの天文アイドル!!」こんな合言葉は、もうどうでもよくなってきた。

　そんな中で比較的楽しそうな「珍しい天文現象」を作ってみようか。珍しい天文現象といっても、いろいろなレベルがある。地球上で移動するなり、長生きするなりして、がんばればなんとか見ることができるものから、どんなにがんばっても絶対に見ることのできないものまでさまざまだ。でも、そこはパソコンの世界。先に作ったプログラムのシミュレーション画像を使っちゃえば、そんな障壁はいっさいなくなる。ナント素晴らしいことではないか！【66】。

　前々回の1910年に回帰したハレー彗星はスゴかったそうで、尾の長さが180度に達したという話を聞いたことがある。180度といえば、東から西まで彗星の尾が伸びていたことになる。でも本当かな？　「つるちゃんのプラネタリウム for Windows」へデータを設定して再現してみる。わあ、本当だ、これはすごい。さっそくレパートリーの一つに追加。もう一つ、ぜひとも紹介しておきたいことがある。それは、惑星が狭い範囲に集まって見える惑星集合。

　実は、学生時代に昔のパソコンで、惑星集合となる日付を計算するプログラムを作って、計算させてみたことがある。プログラムの方も計算結果の方も、もうなくなってしまったけど、なかなか素晴らしい惑星集合となる日があったはず。記憶では2040年9月ごろに水星、金星、火星、木星、土星の五つの惑星が集まって見えるはずだ。さっそく表示させてみると、確かに素晴らしい惑星集合が再現できた。でも、そのころまで生きているかなあ。よくわからないので、せいぜい生きているうちにパソコンの画面でシッカリと見ておこう。

　他にも将来の星座や、他の惑星から見た星座など、いつまで生きていても絶

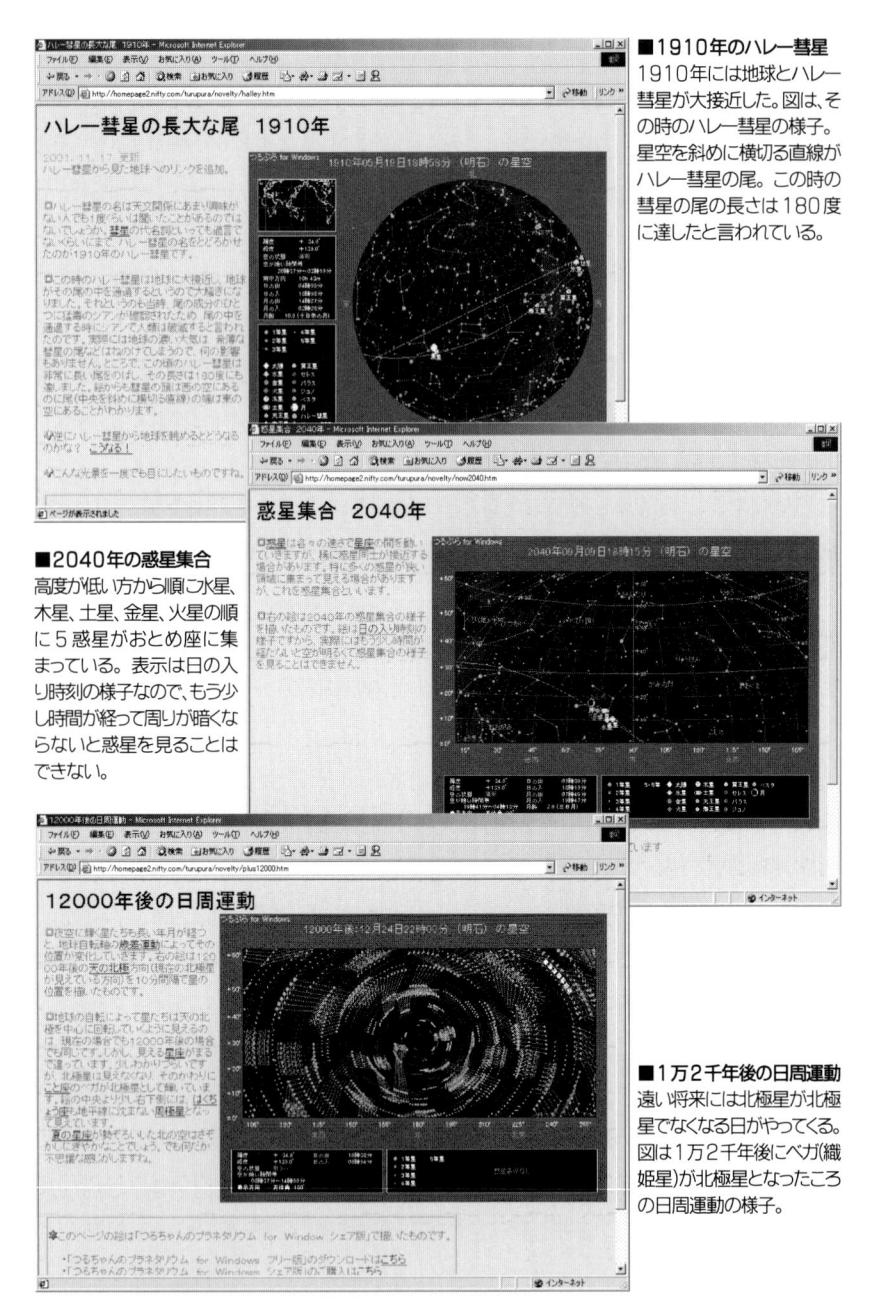

■1910年のハレー彗星
1910年には地球とハレー彗星が大接近した。図は、その時のハレー彗星の様子。星空を斜めに横切る直線がハレー彗星の尾。この時の彗星の尾の長さは180度に達したと言われている。

■2040年の惑星集合
高度が低い方から順に水星、木星、土星、金星、火星の順に5惑星がおとめ座に集まっている。表示は日の入り時刻の様子なので、もう少し時間が経って周りが暗くならないと惑星を見ることはできない。

■1万2千年後の日周運動
遠い将来には北極星が北極星でなくなる日がやってくる。図は1万2千年後にベガ(織姫星)が北極星となったころの日周運動の様子。

【66】珍しい天文現象の例
いくつかあるメニューの中で、目玉の一つになりそうなのが「珍しい天文現象」のページ。パソコンプラネタリウムならではの天文シミュレーション画像を紹介している。

110 ──ホームページ作成ソフトによるホームページ作り──

対に見ることのできない星空を紹介していく。これだけの珍しい星空を紹介したホームページは、今まで見たことがない。これはきっと、つるちゃんのホームページの目玉の一つになるでえ！

　それにしても作業自体は相変わらずの単調さで、やる気が出ない。そんな状態の中で、どうにかこうにか気力だけでページを作成していく。星空の目印（北斗七星、夏の大三角形など）や、見やすい星雲星団の見つけ方を手ほどきする「探そう目印／惑星／星雲・星団」のページ、初めて星空を見る人のために注意点などを書いた「星空ウォッチングを始めよう」のページなどなど。ここで謎かけを一つ、つるちゃんのホームページとかけて、高校野球の優勝投手ととく。その心は？「気力だけで投げぬきました！」【67】【68】。

　最後には「つるちゃんの紹介」のページを作って、作者の紹介をしておかなくちゃ。ここでは、つるちゃんのプロフィールと天体観測をする時の観測機材などを紹介する。他のサイトでは、自分の顔写真入りで紹介している場合も見かけるが、つるちゃんの場合はちょっと恥ずかしいなあ。この美顔が公開されることを想像しただけで顔が赤くなりそう。名前の方も出さずに「つるちゃん」としておこう。

　それにしても、ここまでたどり着くのにはずいぶんと苦労したけど、この苦労をみんなにわかってもらえるようなページを作りたいものだ。そして、プログラム作りの感動もみんなに伝えたい。だけど、そんなページを作ろうと思うと、これまた面倒で苦労に拍車がかかりそうだ。やっぱり、やめておこうかな。でもやっぱり、みんなにわかってもらいたい。どうしようかなあ。迷ったあげく、結局「つるぷら作成奮闘記」なるものを作ることに（注：「つるぷら」とは、「つるちゃんのプラネタリウム」を略して表記したもの）。

　ただ、苦労話をダラダラと書いたのでは誰も読んでくれそうにない。やはりここは楽しくて、読みやすいページにしなくては。つらい話を楽しく書いてこそ、おもしろさが増すというものだ。それから、字が小さいとそれだけで読む気が失せてくるから、他のページよりも字を大きくして見やすくする。一にも二にも、読みやすいようにすることを心がけながら、何度か自分で読み返してあの手この手で工夫する。文章は短く区切って、体言止めを使って……。文章を修正していくうちに、だんだんと楽しくて、読みやすいページになってきた【69】。

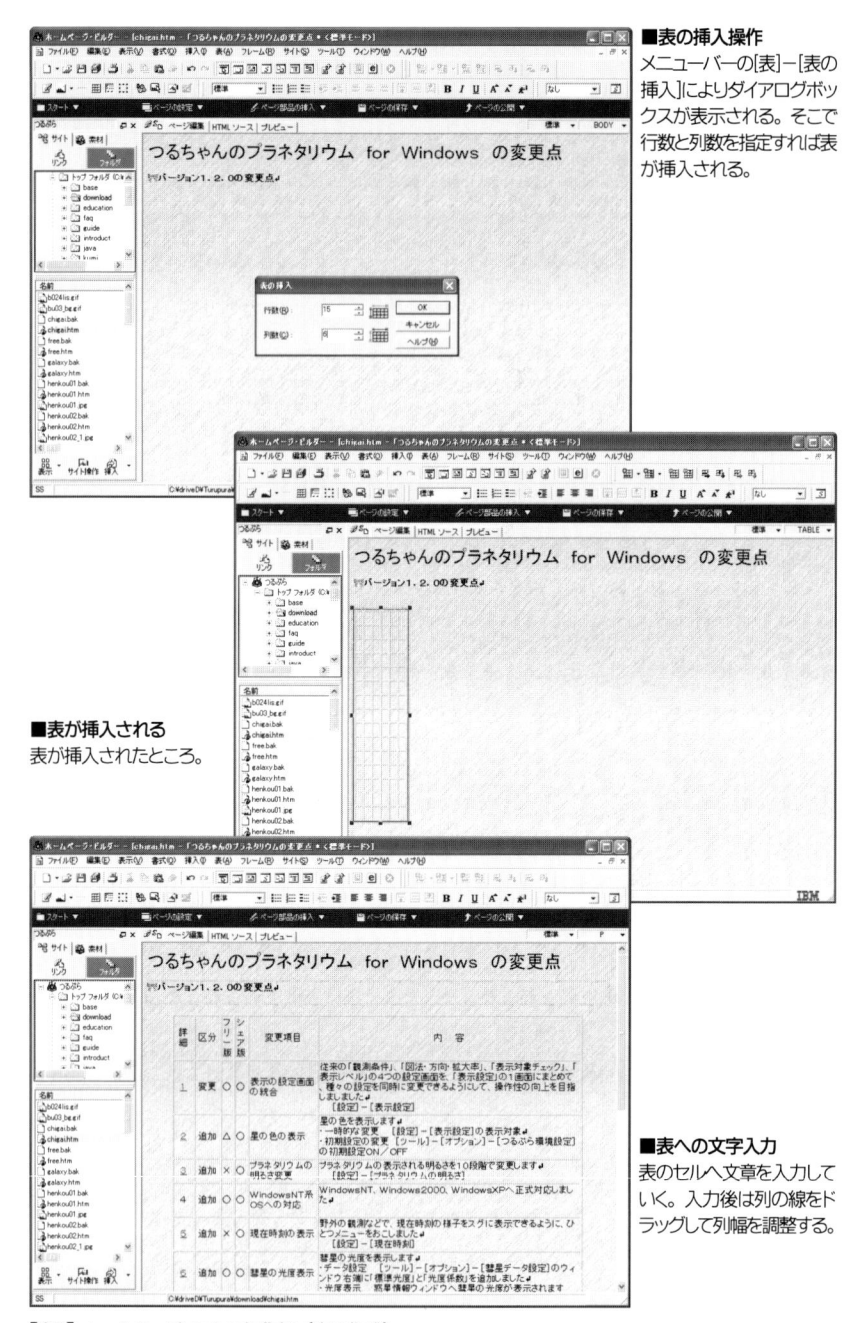

■表の挿入操作
メニューバーの[表]−[表の挿入]によりダイアログボックスが表示される。そこで行数と列数を指定すれば表が挿入される。

■表が挿入される
表が挿入されたところ。

■表への文字入力
表のセルへ文章を入力していく。入力後は列の線をドラッグして列幅を調整する。

【67】ホームページソフトの操作例（表の作成）
表を作る場合、行数と列数を指定するなど、ワープロの場合と同じような操作をすれば出来上がり。

112 ──ホームページ作成ソフトによるホームページ作り──

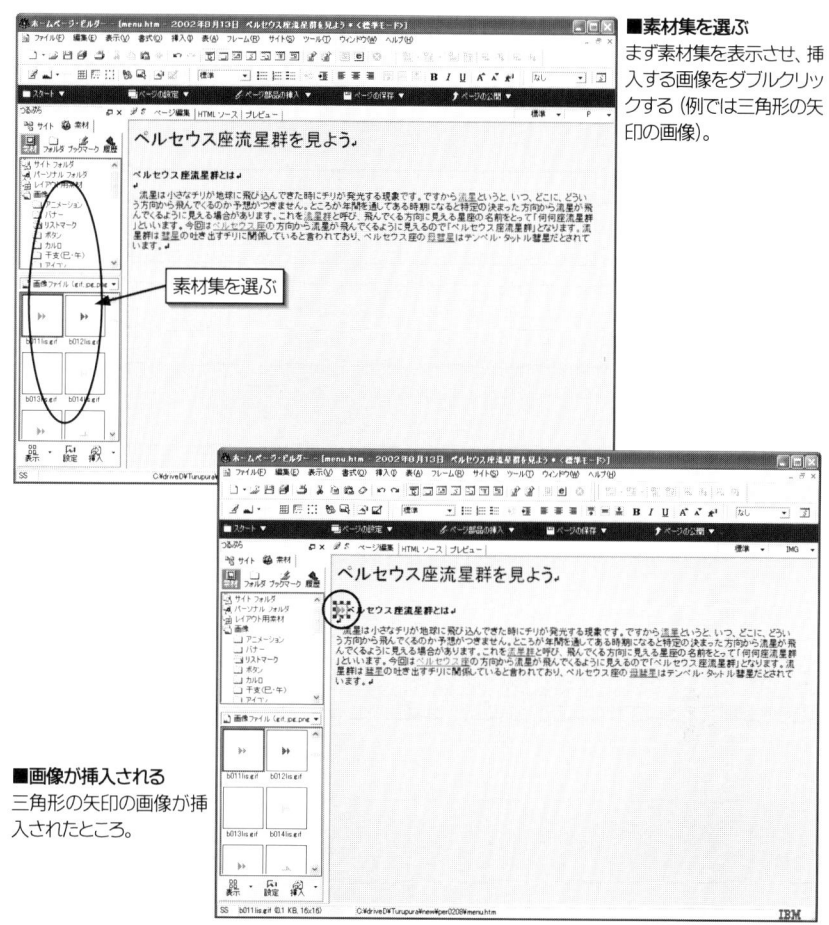

■素材集を選ぶ
まず素材集を表示させ、挿入する画像をダブルクリックする（例では三角形の矢印の画像）。

素材集を選ぶ

■画像が挿入される
三角形の矢印の画像が挿入されたところ。

【68】ホームページソフトの操作例（素材集より画像を挿入）
画像を挿入する場合、ホームページ作成ソフトに付属している素材集を活用するとよい。自分で画像を作る手間がはぶけて楽ちんだ。

――ホームページ作成ソフトによるホームページ作り―― 113

## 読みやすいページ

**■楽しく書く**
・苦労話をつらそうに書かれると、読んでいる人は疲れる
・逆に苦労話を楽しく書くことで共感を得ることができる

**■大きな文字**
文字は大きく。小さな文字でビッシリと書かれたページは読む気がしない

**■ページ分割**
・1ページに長々と文章を書かれると、それだけで読む気が失せる
・ページ内の文章の量は、スッと読める程度の分量とし、それを超える場合はページを分ける

**■わかりやすいページタイトル**
・ページごとにタイトルをつける
・タイトルはわかりやすくかつ、「ん?」と思わせるものとする

**■短い文章**
・一つの文章は短くし、言いたいことを凝縮する

**■体言止め**
・歯切れ良くするために体言止め(名詞で文章を終える)を使う

**■日常で使う会話の文体**
・親しみやすくするために口語体(日常の会話で使う言葉)を使う

**■笑える話を織り交ぜる**
・たまに笑える話を挿入するとアクセントがついて楽しさが増す

【69】読みやすいページとするために気をつけたこと
今までの苦労をみんなにわかってもらいたい、との思いで作ったのが「つるぷら作成奮闘記」のページで、この本のベースとなっている。苦労話を苦しげに書いても誰も読んでくれそうにないので、楽しくて読みやすいページとするように心がけた。

　結局のところ、このページを作っておいてよかったと思う。そのおかげで、この「つるぷら作成奮闘記」が地人書館編集部のNさんの目に止まって、この本が誕生したのだから!!　人生何が幸いするかわからないということか？
　何だかんだと苦労のかいがあって、個人のサイトとしては結構なボリュームになってきた。それにしても相変わらずやる気が出ない。あ〜、しんど。あ〜、つらっ。あ〜、面倒くさっ。でも仕事に比べりゃまだましか。ははは。

[　そしてつるちゃんから笑顔が消えた。　　　　　　　　　　　　　]

## 25 トップページの作成

2001年8月中旬～下旬

[ ゴールは目前だが、トップページ作りという最後の関門が待ち受けている。 ]

　ホームページのトップページは、そのサイトの顔となるだけに、誰もが気合を入れて作るもの。つるちゃんもそう思って、トップページの作成は最後の最後までとってあり、いまだ手つかずな状態だ。ところがである。会社のある人いわく、「ずいぶんとあっさりしたページになるんだね」。ガッチョ～ン。こうなったらトップページを作り込むしかないでぇ。ひさびさに闘志が湧いてきた。思えばホームページを作りはじめてから、こんなにやる気が出るのは久しぶりだ。仕事では決して出ることのない、こみ上げてくるこのやる気。「よっしゃあ、やるでぇ」。

　トップページを作るには、まずホームページのタイトルを決めないと。VB版のプログラムの名前は「つるちゃんのプラネタリウム for Windows」、Javaアプレット版のプログラムの名前は「つるちゃんのプラネタリウム for Javaアプレット」と決めている。そもそも「つるちゃんのプラネタリウム」という名前は、つるちゃん自身なかなか気に入っている。

　プログラムのタイトルというものは、見た瞬間に何をするプログラムなのかがわからないと失格だと思っている。そういう意味では「プラネタリウム」によって、星空を表示するプログラムだとすぐに想像がつく。でもプラネタリウムだけだと、なんだか少し敷居が高い感じ。おまけに、公共施設のプラネタリウムを連想してしまいそうだ。そこは「つるちゃん」をつけることで、親しみが出て敷居が低くなりそうだし、つるちゃんという個人作のプログラムだとわかる。

　さて、ホームページのタイトルだけど、本来ならば、プログラムとホームページのタイトルは、別の名前にしたいところだ。そうでないとややこしくてしょうがないから。でもここはあえて、同じ名前の「つるちゃんのプラネタリウム」にしたいと思っている。なぜか。たとえば「つるちゃんのプラネタリウム for Windows」のプログラムを使っていた人がいたとする。この人が何かのきっかけで「つるちゃんのプラネタリウム」のホームページを知ったとすると、「ああ、つるちゃん

```
┌─────────────────────────────────────────────────┐
│                  トップページ                    │
├─────────────────────────────────────────────────┤
│  ┌───────────────────────────────────────────┐  │
│  │ ■天文のサイトとわかる                      │  │
│  │ ・一目見て天文関係のサイトとわかるようにするのが大前提 │
│  │ ・背景画像に天体写真を貼り付ける            │  │
│  └───────────────────────────────────────────┘  │
│  ┌───────────────────────────────────────────┐  │
│  │ ■インパクトのある画面                      │  │
│  │ ・天文というと地味な印象があるので、あえて派手にして印象に残るように │
│  │ ・色が変わって点滅するバナーをつける        │  │
│  │ ・明るめの色を基調とし、色の組合わせは違いがわかるものとする │
│  └───────────────────────────────────────────┘  │
│  ┌───────────────────────────────────────────┐  │
│  │ ■サブタイトルの並び順                      │  │
│  │ ・よく使うものや見てほしいものは上の方へ配置 │  │
│  │ ・ある程度カテゴリ別にまとめる              │  │
│  └───────────────────────────────────────────┘  │
│  ┌───────────────────────────────────────────┐  │
│  │ ■重くなりすぎない                          │  │
│  │ ・画像サイズが大きくなると読み込みに時間がかかる │
│  │ ・画像サイズを小さくするために画像の圧縮率や彩度を落とす │
│  └───────────────────────────────────────────┘  │
│  ┌───────────────────────────────────────────┐  │
│  │ ■わかりやすい配置                          │  │
│  │ ・ブロックを決めて必要な情報を配置する(下図参照) │
│  └───────────────────────────────────────────┘  │
└─────────────────────────────────────────────────┘
```

つるちゃんの
プラネタリウムの　→
レイアウト

```
┌─────────────────────────────┐
│          タイトル部          │
├──────────────┬──────────────┤
│              │    画像      │
│ サブタイトル │ - - - - - -  │
│     と       │              │
│    説明      │  更新情報    │
└──────────────┴──────────────┘
```

**【70】トップページ作成時に気をつけたこと**
トップページはそのホームページの顔となるだけに、かなり気合を入れて作った。地味なイメージのある天文のジャンルだけに、あえて派手目なページにして印象に残るようにした。少し色使いが派手すぎる気がしないでもないが……。

のプラネタリウムか。一度のぞいてみようか」と思うんじゃないかな。逆にホームページの「つるちゃんのプラネタリウム」を知っていた人が、「つるちゃんのプラネタリウム for Windows」というプログラムの存在を知ったとすると、「一度ダウンロードして使ってみようか」と思うだろう。プログラムとホームページの相乗効果が狙えそう。そんなわけで、ホームページのタイトルは「つるちゃんのプラネタリウム」とすることに決定！

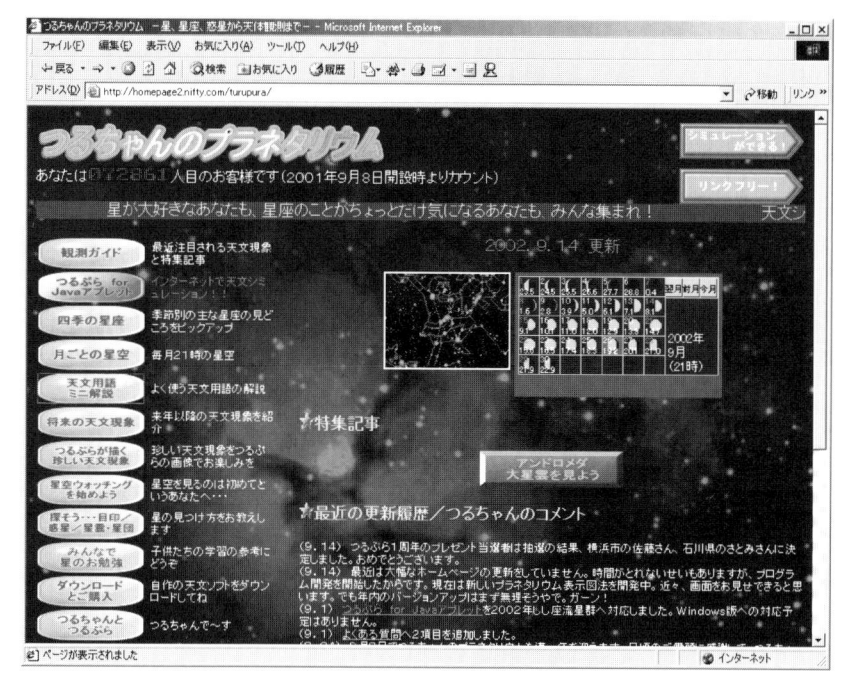

【71】つるちゃんのプラネタリウムトップページ
多くの人にこのホームページを見てもらえることを願って、「星が大好きなあなたも、星座のことがちょっとだけ気になるあなたも、みんな集まれ」というキャッチフレーズを設定し、上部へ配置した。これにはタイトル部分とそれ以外の部分を分離する役割も担っている。

　タイトルが決まったところで、次はトップページの背景画像を決めよう。背景画像はそのページの印象を決める大事なもの。単なる色つき画像や素材集にある壁紙だけでは、イマイチ迫力に欠ける。やはりここは天体写真を使って、初めてサイトを訪れた人でも「天文関係のサイトなんだな」と、一目でわかるようにしたい。しかし、この画面の大きさでは画像サイズが大きくなりすぎて、ダウンロードに時間がかかってしまいそう。その上、色が鮮やかすぎて、背景画像ばかりがやたらと目立ってしまう。背景画像はあくまでも背景画像でなきゃ。

　そこで、色の彩度と明るさを落としてみる。OK、OK。画像サイズは小さくなるし、目立ち度も押さえることができて、まさに一石二鳥。さらには画像の圧縮率もギリギリまで高めることで、画像サイズの問題は解決。

　お次は、メニューのボタン。これは、ホームページ作成ソフトに付属するツールを使う。ボタンの形や色や大きさをいろいろ変えながら、「あっちがいい」、

——ホームページ作成ソフトによるホームページ作り—— 117

「イヤ、やっぱりこっちかな」などと悩みに悩んで、緑と黄色の少し丸みのあるボタンに決めた。つるちゃん、悩めるお年頃？
　でも、なんとなく画面が全体的に寂しいなあ。そんなことを考えながらパチンコ屋の前を通りかかる。パチンコ屋のネオンサインって、チカチカと光って本当に派手だ。そうだ、ネオンサインみたいにチカチカ点滅させてみたらどうだろう。ニュートンは木から落ちるリンゴを見て万有引力の法則を思いついた。そしてつるちゃんは今、パチンコ屋のネオンサインを見て、トップページの点滅バナーを思いついた。これでつるちゃんもニュートンの域にちょっと近づいた？【70】【71】
　結局、半月ちょっとかけてトップページが完成した。ちょっと派手な感じがしないでもないが、なかなかカッコいいじゃん。しかしトップページ以外は……。でもこれ以上つらい日々が続くのはもう許してほしい。あー、ヤーメタ、ヤメタ。
　　　　[ トップページもできて、いよいよ完成間近!!　　　　　　　　　　]

## 26 最終調整
2001年9月上旬

[ トップページも完成して、ホームページ作りもいよいよ最終段階。 ]

　いよいよホームページ公開が視野に入ってきた。「つるちゃんのプラネタリウム」も知らない間に、ずいぶんと大きく成長したものだ。ホームページの大きさの定義があるのかどうかは知らないけど、ページ数で表すのが一番わかりやすいかな。トップページで1ページ、火星の用語解説をしたら1ページ、オリオン座の星座の説明をしたら1ページ、といった具合にカウントしていく。HTMLのファイル数といった方がわかりやすい方もおられるだろう。

　このようにページ数をカウントしていくと、380ページを超えている。普通の個人のホームページなら、せいぜい50ページが関の山だろう。だから、380ページというのは個人サイトに限定したら巨大サイトといえるかも。それにしても380ページもよく作ったもんだ。それも忍耐という2文字だけで……【72】。

　さて、いよいよ最終確認に入る。それぞれのページをつないでいるリンクが切れていないか（ページの飛び先が正しく設定されているか）、誤字脱字がないか、見た感じのバランスはどうか、などの最終チェックだ。といえばカッコイイが、例によって気合がまったく入らない。ああ面倒くさ！ 380ページ分も同じようなことを繰り返すんだから、考えただけでも気が滅入ってくる。「ああアホらし、やってられん」などとひとりでぼやきながら、ほとんど惰性だけでチェックしていく。思考能力も限りなくゼロに近づいてきた。そんなわけでおかしなところが随所にあると思うけど、つるちゃんらしくていいじゃないか。

　さて、厳しい（？）チェックもひととおり完了した。ここで、最後に一つやってみたいと思っていたことがある。それはJavaScriptだ。何やそれ、Javaの親戚？　これはスクリプト言語といって、コンパイルをしなくてもブラウザ上で動くプログラミング言語の一種。ホームページを作る場合、HTMLのタグだけでは表現しきれない場合も多い。でも、スクリプト言語を使えばいろんなことができてしまう。たとえばページに動きをつけたり、条件判定をして画面の表示を変え

## 【72】つるちゃんのプラネタリウム　サイトマップ

※は後に追加した項目

- トップページ
  - 天体観測ガイド
  - つるちゃんのプラネタリウム for Javaアプレット
    - 万能プラネタリウム
    - 月齢カレンダー
    - 流星群
    - 惑星の経路
    - 内惑星の位置
    - 惑星の満ち欠け
    - ３Ｄ太陽系※
    - 日食と月食
    - 観測情報※
    - 過去と未来の星座－１－
    - 過去と未来の星座－２－
  - 四季の星座
    - 春の星座　しし座 など
    - 夏の星座　さそり座 など
    - 秋の星座　アンドロメダ座 など
    - 冬の星座　オリオン座 など
  - 月ごとの星空
  - 天文用語ミニ解説
  - 将来の天文現象
  - つるぷらが描く珍しい天文現象
    - 南半球から見た星座
    - ペルセウス座流星群
    - 惑星集合
    - ハレー彗星の長大な尾
    - 日本で見る金環食
    - ケンタウルス座アルファ星から見た星座
    - 12000年後の日周運動
    - 火星から見た星座 など
  - 星空ウォッチングを始めよう
    - 星空を見る前に
    - 星空を見てみよう
    - 双眼鏡の選び方
    - 天体望遠鏡の選び方
    - 昼間のうちにやっておくこと
    - 天体望遠鏡で観測してみよう
  - 探そう・星空の目印／惑星／星雲・星団
    - 夏の大三角形
    - 北斗七星
    - カシオペアのＷ
    - 金星
    - 火星
    - 木星
    - 土星
    - アンドロメダ大星雲
    - オリオン大星雲 など
  - みんなで星のお勉強※
    - 季節による星座の見え方※
    - 時間による星座の動き※
    - 日入り時の月の位置※
    - 月や惑星の満ち欠け※
  - ダウンロードとご購入
  - つるちゃんの紹介
    - つるちゃんの紹介
    - つるちゃんの観測機材
    - つるちゃんの観測地
    - つるぷら作成奮闘記
  - 注意点など
  - よくある質問※
  - リンク集

　星を見たいと思う人が必要な情報を探しやすいように分類したつもり。当初から380ページを超えるボリュームで、これ以上増えると個人の手に負えなくなりそうだ。目玉は「つるちゃんのプラネタリウム for Javaアプレット」による天文シミュレーションと、自作ソフトのシミュレーション画像による「つるぷらが描く珍しい天文現象」。

る、といったことも可能だ。そんなわけで、他のサイトでもスクリプト言語が使われているケースが多い[73]。そのような中でも一番よく使われるのがJavaScriptだ。JavaScriptにはJavaの文字がついてるけど、Javaとは別物なのでご注意を。それでは最後に、このJavaScriptに挑戦してみよう。一般的には「手軽で簡単にプログラム作りができる」と言われているが、はたして本当？

　前々からマウスカーソルの横に星を出して、マウスの動きに合わせて星を動かせるといいなあと思っていた。これをJavaScriptでやってみることにする。新し

■スクリプト言語とは
・コンパイルしなくてもブラウザが翻訳して実行できる言語
・Java Script、VB Scriptなどがある

■スクリプト言語でできること(例)
・曜日や時間帯によって表示する画像を変える
・'1'を選ぶと円形に動くが、'2'を選ぶとジグザグに動く
・簡単な計算をして結果を表示する

■つるちゃんのプラネタリウムでやりたいこと
・星の画像を三つ表示して、カーソルの動きに合わせて星を動かす
・カーソルの動く速さに合わせて三つの星の間隔を変える
・カーソルの動きが止まると星の画像は消える

【73】JavaScriptについて
ホームページを作るからにはJava Scriptを一度は使ってみたいと思っていた。JavaScriptを使うと、画面に動きをつけることも簡単にできる。使ってみると案外簡単だったのでちょっと拍子抜けした。

■実現するには

タイマーに短い間隔をセット

カーソルが動いた時(イベント)

現在のマウスカーソル位置を得る
x1 = event.x;　y1 = event.y;

タイマーが起動された時(イベント)

マウスカーソルが一定時間動いていない場合、星の画像を非表示
　星の画像.visibility = "hidden";

マウスカーソルが動きはじめた場合、星の画像を表示状態
　星の画像.visibility = "Visible";

マウスカーソルが動いている途中の場合、星を動かす
・前回のカーソル位置を(x2,y2)とし、現在のカーソル
　位置を(x1,y1)とする時、n個目の星の位置(x0, y0)は
　x0 = x2 + (x1 - x2) * n / 3;
　y0 = y2 + (y1 - y2) * n / 3;
・星の画像を移動する
　星の画像.posLeft = x0;
　星の画像.posTop = y0;
・現在の位置(x1,y1)を前回の位置(x2,y2)へ代入する

い言語ということで、今までの経験上かなりの苦労を覚悟していた。ところがどっこい、大した苦労もなく2日でできてしまった。これは、楽しさ度合いをアップするために、つるちゃんの紹介の目次の画面に取り入れることにした。

　世の中にはCOBOLやVBなどの手続き型言語、C++やJavaなどのオブジェクト指向言語をはじめとし、さまざまなプログラミング言語があふれている。確かに、それぞれには言語独特の考え方があって、はじめは戸惑うけど、他の言語と似ている部分もある。他の言語と対比しながら応用をきかせられる場合も多い。JavaScriptの場合も同じで、VBやJavaの知識が役に立った。言語は違っても、結局のところ基本は同じということだ。

　何をカッコつけてんねん。VBとJavaで四苦八苦して、グチばっかり言ってたくせに、よう言うわ～。

　こうして最終調整も完了した。

　　　　[　**つるちゃん、もうヘトヘト。**　　　　　　　　　　　　　　]

# 27 ついにホームページ公開
## 2001年9月8日

　ホームページの最終調整もすべて完了した。思えば1年10か月前にパソコンを購入して以来、Windowsパソコン上単独で動く「つるちゃんのプラネタリウム for Windows」、インターネット専用版の「つるちゃんのプラネタリウム for Java アプレット」、そしてホームページ「つるちゃんのプラネタリウム」と、次々に作成してきた。とにかく苦難の連続だったが、それらを乗り越えた集大成が、今まさにこれからやろうとしているホームページ公開だ。「天文シミュレーションプログラムをインターネットで公開したい」から始まったこのプロジェクト。そして、「天文シミュレーションがインターネット上からもできるようなホームページを公開する」という壮大な夢。それらの夢が今ついに実現しようとしている！　そして、ほとんど忘れていた「目指せ、インターネットの天文アイドル!!」という合言葉の実現はいかに？

　まずは、プロバイダの画面からホームページの登録申請をしよう。へ～え、登録申請した日からすぐにホームページを公開できるんだ。それじゃあ今日が「つるちゃんのプラネタリウム」公開の記念すべき日じゃないか【74】。

| プロバイダへの申請 | ホームページのアップロード |
|---|---|
| プロバイダのホームページからホームページ開設を選択 | FTP転送ツールを入手(フリーソフトとして多く出回っているものでOK) |
| 会員ID、パスワードを入力 | FTP転送ツールの環境設定<br>・FTPサーバ名<br>・FTPサーバ接続用のユーザIDとパスワード<br>・プロバイダの電話番号 |
| ホームページのアドレスを決める<br>http://homepage2.nifty.com/turupura/<br>のturupuraの部分を決める | |
| FTPサーバ接続用のユーザIDが決められる(ホームページ更新時に必要) | FTP転送によりファイルをアップロード(プロバイダのサーバへ転送) |
| FTPサーバ接続用のユーザIDに対するパスワードを決める | 必要に応じてファイルへのアクセス権を設定 |

【74】ホームページ登録の流れ（筆者のプロバイダの場合）
FTPとは、ホームページが置かれたサーバへHTMLファイルや画像ファイルを送信するための通信手順のこと。作ったホームページをプロバイダのサーバへアップロードすることによって、はじめてインターネットへ公開される。この時の緊張感と爽快感をぜひ皆さんにも味わってほしい。

――ホームページ作成ソフトによるホームページ作り――

まず、ホームページアドレスを決める。ホームページアドレスは、最初の方はプロバイダ固有のものだから変えられないが、最後の部分だけは自分で決められる。さて、何にしようか。「つるちゃんのプラネタリウム」を略して「つるぷら」と呼ぶことにしたので、ローマ字で"turupura"にしよう。「つるぷら？」ほとんど意味不明。まあええやん。登録申請がすむと、ホームページ用のFTPサーバ名、アカウント、パスワードなどが決められて、画面に表示される。これらを忘れると後で厄介なので、すぐに画面ごとプリントアウト。今度はFTP（ファイル転送）のソフトを使って、作ったファイルをプロバイダへアップロード（パソコンからプロバイダへ送信すること）をしないといけない。初めて使うFTPソフトに少し戸惑いながら、先のFTPサーバ名、アカウントなどを設定していく。そして、ついにFTPサーバと接続！　こうしてアップロードを開始した。さすがにホームページの規模もふくれ上がり、ページ数で380、ファイル数で800を超えている。おまけに少し設定を間違えたこともあって、FTP転送だけで結局2時間以上もかかってしまった。

　さあ、これで準備完了のはず。あとは普通のホームページと同じように、ホームページアドレスをブラウザへセットしさえすれば、トップページが表示されるはずだ。恐る恐るブラウザへ「つるちゃんのプラネタリウム」のアドレスを打ち込んでみる。ワクワク、ドキドキ、ハラハラ……。世紀の一瞬だ。つるちゃんの小さくて壊れやすいガラスのハートは爆発寸前！

「つるちゃんのプラネタリウム」のトップページが出た!!
うれっっっぴぃぃ〜〜〜!!

こうしてつるちゃんのホームページ公開の夢は無事に果たされた!!

> ついにホームページ公開の夢を果たしたつるちゃん。すっかり浮かれているつるちゃんだが、はたしてこの先に待ち受けるものは何か。またまた嫌な予感！？

つるちゃん
の
プラネタリウム

# つるちゃんに関して

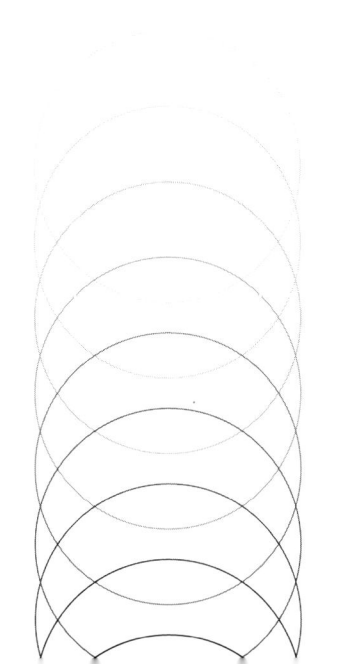

# 99　つるちゃんと天文

◆**中学から高校生時代**

　もともと中学生ごろから天文関係に興味を持っていた。たまたま友達の家へ遊びに行った時に、天体望遠鏡で木星を見せてもらう。あまり大きくない望遠鏡にもかかわらず、木星本体の縞模様が見えて大感激！　しばらくして貯金をはたいて口径10cmの天体望遠鏡を購入した。

　「初めて見た天体は何か」と尋ねられると、月や木星や土星と言う人が多いのだろうが、つるちゃんの場合、意外にもM57ということ座の小さな星雲。環状星雲の異名を持ったこの星雲は、小さくて光のシミにしか見えなかったが、恒星とは違ったそのいびつな姿に感動した。他には自分の望遠鏡で見た木星にも感激し、いつまでも望遠鏡にかじりつくようにして眺めたものだ。

　こうして中学から高校時代にかけて、天文関係の雑誌を読みあさり、望遠鏡でいろいろな天体を見ることに熱中する。新しい天体を見るたびに新たな感動があり、つるちゃんと天文は、切っても切れない関係へと発展していく。

　天体写真を手がけようとしたこともあったが、性格的に面倒くさすぎて、自分にはとても無理だということがわかった。それ以来、天体写真には手を出していない。

◆**大学生時代**

　大学へ進学後はPC-8801mkⅡ MRなるパソコン（CPUはZ-80、8ビット処理の動作クロック4MHzで、メインメモリはたったの64KB！）を購入し、ゲームマシンと化する一方で、天文計算を試みた。そのころ愛読していた本が中野主一さんの『マイコンが解く天体の謎』という本。この本によって、パソコンを使えば星空を表示したり、惑星の位置計算ができることを知る。パソコンとこの本との出会い。この二つの出会いがつるちゃんにとって大きな転換点となる。

　自分でケプラーの法則から天体位置を割り出すプログラムなどを作り、現在の「つるちゃんのプラネタリウム」の基本を作り上げた。この中でプログラム作りのつらさを味わうことになるが、それ以上に、プログラムが完成した時の喜

びや、誰もまだ見たことがないシミュレーション画像を初めて見る感動は、何事にも代えがたいものがある。こうして、運命の糸に操られるように、天文シミュレーションの世界へと吸い込まれていった。当時は天文シミュレーションソフトなど、ほとんど皆無な状態だったが、その中にあって、自分のソフトは秀逸であったと自負している。しかし、今となっては再現する手立てがない。

◆そして社会人に

　大学卒業後は社会人となり、およそ天文とは関係のない会社へ就職し、天文関係からはトンと遠ざかっていた。天体観測からも、天文シミュレーションプログラムからも……。ところが1997年のヘール-ボップ彗星がきっかけで、天体観測を復活して観測機材を一新。望遠鏡の口径も10㎝から20㎝へと大きくなった。その上、車という移動手段を得て、暗い空を求めて走り回ることになる。その結果、以前では考えられないほど暗い天体まで見えて、忘れていたあのころの感動がよみがえる。こうして再び天体観測に火がついたのだ！

◆パソコンを購入、そして……

　さらに悪いことに、1999年の10月にはパソコンを購入した。昔のパソコンとは比較にならないほど処理速度が速く、買った当初は驚きの連続だった。そうこうするうちに、「昔の天文ソフトを作りなおしてみよう」と思いつき、再び天文シミュレーションの世界へ没頭することになる。さっそくVisual Basicによる「つるちゃんのプラネタリウム for Windows」の作成に取りかかったが、これが苦難の始まりだった。とにもかくにも苦労の連続だったが、その後1年弱でどうにか試作版が完成する。これは、機能的には現在の完成版である「つるちゃんのプラネタリウム for Windowsシェア版」とほとんど同じものである。

　その後2000年12月からは「つるちゃんのプラネタリウム for Javaアプレット」の作成に取りかかる。これは、インターネット上で天文シミュレーションを行うことを意識したもので、先のVisual Basic版をJavaアプレット版へと置き換えたものである。さらには2001年5月からはホームページの作成に取りかかり、同年9月にはホームページと、これまでに作ってきたプログラムの公開を果たして、現在に至っている。

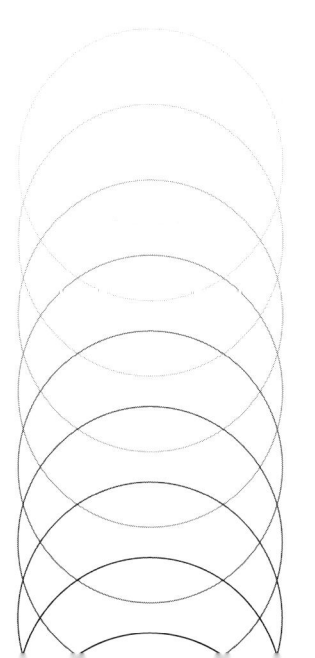

つるちゃん
の
プラネタリウム

付　録

## 1．ホームページ「つるちゃんのプラネタリウム」の表示方法

### ◆URLを直接入力
ブラウザのアドレスバーへ、次のURLを入力すると、「つるちゃんのプラネタリウム」のトップページが表示されます【75】。

http://homepage2.nifty.com/turupura/

【75】ホームページ「つるちゃんのプラネタリウム」のトップページ

### ◆YAHOO！のカテゴリ検索から
① YAHOO！(http://www.yahoo.co.jp/)のトップページを表示します【76】。
② カテゴリを次の順にたどっていくと、「つるちゃんのプラネタリウム」が見つかります。
・自然科学と技術 > 天文学 > 太陽系　　もしくは、
・自然科学と技術 > 天文学 > ソフトウェア

【76】ポータルサイト「YAHOO！」のトップページ

## 2.「つるちゃんのプラネタリウム for Windows フリー版」の導入

　　この中で紹介した「つるちゃんのプラネタリウム　for　Windows」のフリー版は、無料で無期限に使用することができる天文シミュレーションソフトです。ぜひ、ダウンロードしてお使いください。

### ◆ダウンロード

　①ホームページ「つるちゃんのプラネタリウム」のトップページを表示します。
　②[ダウンロードとご購入]を選びます。
　③表示されたメニューの中から[つるちゃんのプラネタリウム for Windows フリー版]を選びます。
　④ページの内容を確認してから、[ダウンロード(Vector社へジャンプ)]を選びます【77】。

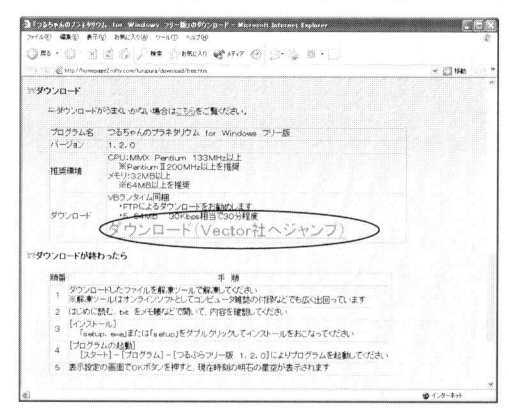

【77】ホームページ「つるちゃんのプラネタリウム」のトップページから[ダウンロードとご購入]を選んだ画面

　⑤別ウィンドウでVectorのダウンロードページが表示されます。
　⑥[ダウンロード]を選びます【78】。

【78】「Vector」の、「つるちゃんのプラネタリウム」をダウンロードするためのページ

　⑦[FTPでダウンロード]を選びます。
　⑧保存先を指定してダウンロードを開始します。

◆インストール
ダウンロードしたプログラムを使用するには、次の手順によって、インストールを行う必要があります。
※一部の機種(IBM製のAptivaなど)では正常に動作しない場合があります。
① ダウンロードしたファイルを解凍ツールで解凍します。
② 解凍後のフォルダー内にある[はじめに読む.txt]を開いて、内容をよくお読みください。
③ すべてのアプリケーション(ウイルス対策ソフトなども)を終了します。
④ 解凍後のフォルダー内にある[setup.exe](表示の設定によっては[setup]と表示される場合もあります)を実行します。
⑤ すべてのアプリケーション終了確認のメッセージが表示されるので、[OKボタン]を押します。
⑥ パソコンの形をした[開始ボタン]を押して、セットアップを開始します【79】。
⑦ インストールが終了すると、確認メッセージが表示されるので、[OKボタン]を押して終了します。

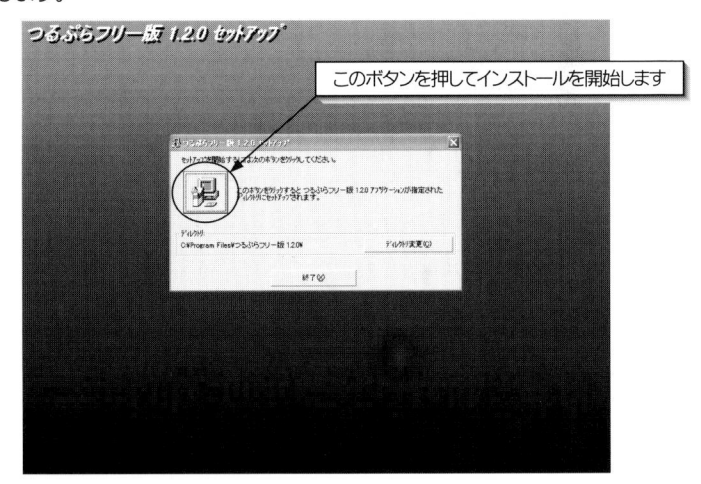

【79】「つるちゃんのプラネタリウム for Windows」(フリー版)のセットアップ画面

◆プログラムの起動
[スタートボタン]-[プログラム]-[つるぷらフリー版 x.x.x]によって起動します。

## 3.「つるちゃんのプラネタリウム for Java アプレット」の使い方

インターネット上で、天文シミュレーションを行うことができます。ここでは、主なJavaアプレットの使用方法を説明します。

◆Java アプレットのメニュー画面 【80】

① 「つるちゃんのプラネタリウム」のトップページを表示します。
② [つるぷら for Javaアプレット]を選んで、Javaアプレットのメニュー画面を表示します。
③ 画面左下に表示されたメニューの項目をクリックすることにより、天文シミュレーションを行うことができます。
④ 以降では、主なJavaアプレットの使用方法を説明します。

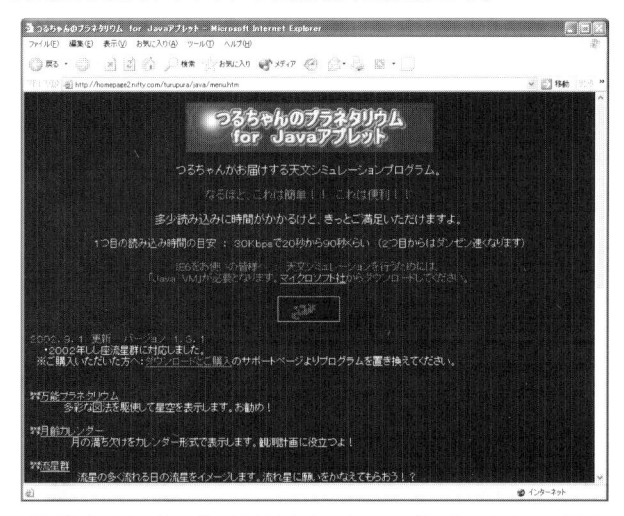

【80】「つるちゃんのプラネタリウム for Java アプレット」のメニュー画面

◆万能プラネタリウム【81】
　星座、月、惑星などを、さまざまな図法でプラネタリウム表示します。星座の見える位置や月の出の時刻などを調べるのに大変便利です。

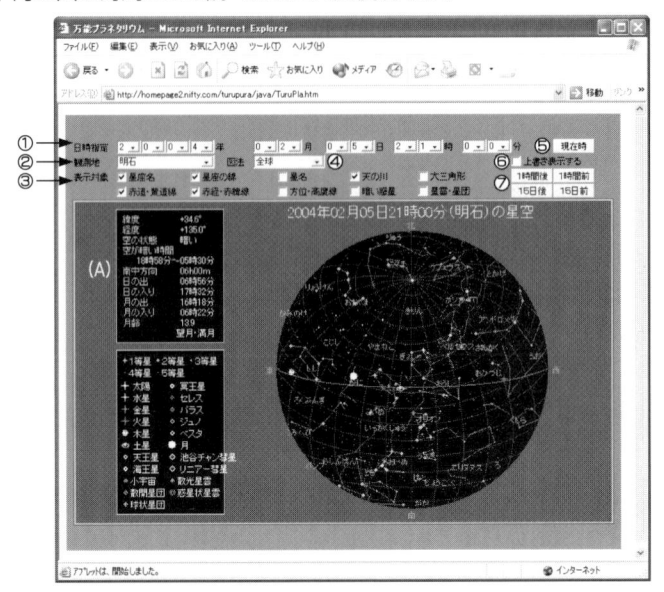

【81】「つるちゃんのプラネタリウム for Java アプレット」の「万能プラネタリウム」画面

　(1) 次の項目を設定することにより、プラネタリウムの表示状態を変更します。

| ① 日時指定 | 表示する年月日時分を設定します。 |
|---|---|
| ② 観測地 | 観測地点に最も近い場所を、リストの中から選びます。 |
| ③ 表示対象 | 必要に応じて、星座の線や星座名、天の川、座標軸などの、表示／非表示を切り替えます。 |
| ④ 図法 | 全球、半球、全体表示、星図形式、指定方向拡大、天頂方向拡大の中から、表示する図法を選びます。 |
| ⑤ 現在時 | パソコン内蔵の時計から現在時刻を取得して、現在の星空を表示します。 |
| ⑥ 上書き表示する | チェックを入れると、表示前に画面がクリアされなくなります。チェックを入れた後で、⑦の日時変更ボタンを押すと、星が移動する様子が重ねて表示されます。 |
| ⑦ 日時変更ボタン | 1時間後、1時間前、15日後、15日前へ日時を変更し、星空を表示します。 |

　(2) (A)の部分には、日の出、日の入り、月の出、月の入り、月齢など、実際に星空を観測する際に必要となるデータを表示します。

◆流星群【82】
　主な17個の流星群を、さまざまな図法でシミュレーションします。流星群の出現イメージをあらかじめつかんでおく際に便利です。

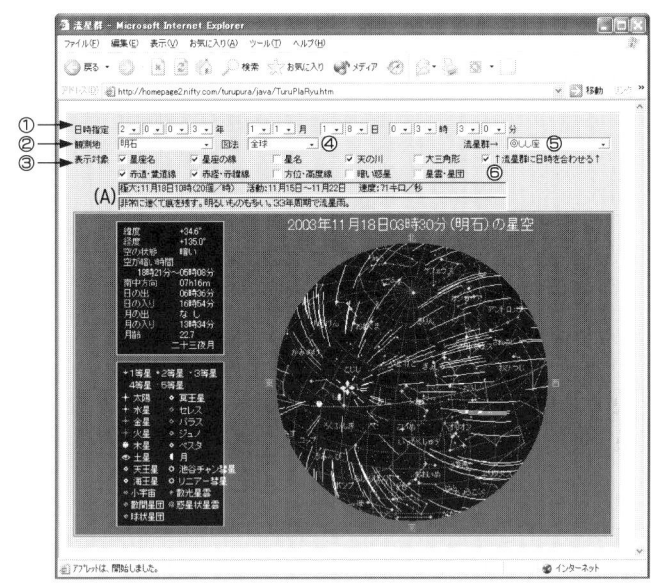

【82】「つるちゃんのプラネタリウム for Java アプレット」の「流星群」画面
　※　図示されるような流星が一度に見られるわけではありません。

(1) 次の項目を設定することにより、プラネタリウムの表示状態を変更します。

| ① 日時指定 | 表示する年月日時分を設定します。⑥の[流星群に日時を合わせる]にチェックを入れると、日時は変更できなくなります。 |
|---|---|
| ② 観測地 | 観測地点に最も近い場所を、リストの中から選びます。 |
| ③ 表示対象 | 必要に応じて、星座の線、星座名、天の川、座標軸などの、表示／非表示を切り替えます。 |
| ④ 図法 | 全球、半球、全体表示、星図形式、指定方向拡大、天頂方向拡大の中から、表示する図法を選びます。 |
| ⑤ 流星群 | 流星群のリストから、見たい流星群を選びます。◎と○はオススメの流星群です。初期状態では、直近の流星群が表示されています。 |
| ⑥ 流星群に日時を合わせる | ⑤で選択した流星群を見るのに最適な日時に合わせて固定します。①で日時を変更したい場合は、このチェックを外します。 |

(2) (A)の部分には、流星群の極大日、極大時刻、出現数、活動期間、特徴などの情報を表示します。

## ◆内惑星の位置【83】

　内惑星（水星、金星）は、夕方か明け方の限られた時間にしか見ることができません。また、大きさを変えながら満ち欠けをするのも特徴です。内惑星の位置のJavaアプレットを使うと、これらの情報を一度に調べることができます。

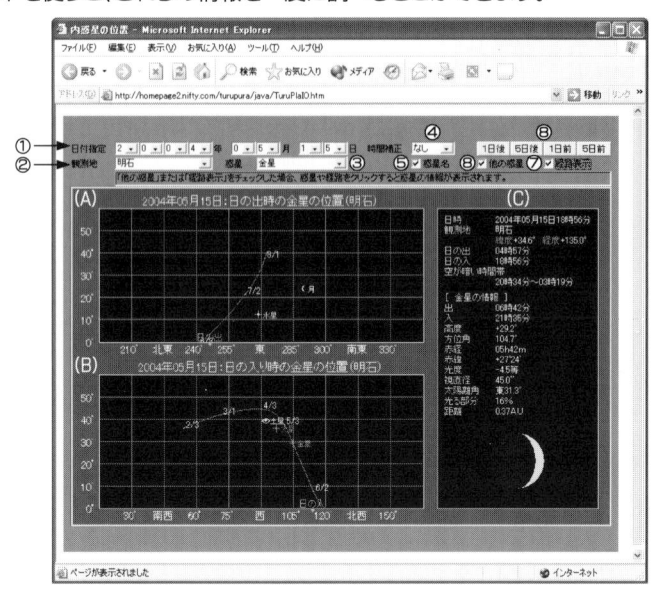

【83】「つるちゃんのプラネタリウム for Java アプレット」の「内惑星の位置」画面

（1）次の項目を設定することにより、水星や金星の表示方法を変更します。

| ① 日付指定 | 表示する年月日を設定します。 |
|---|---|
| ② 観測地 | 観測地点に最も近い場所を、リストの中から選びます。 |
| ③ 惑星 | 水星または金星を指定します。 |
| ④ 時間補正 | なし、15分、30分、45分、1時間、2時間、3時間の中から選びます。例えば30分を選ぶと、日の出30分前と日の入り30分後の様子が表示されます。 |
| ⑤ 惑星名 | 惑星名称を表示します。 |
| ⑥ 他の惑星 | ③で選んだ以外の惑星（月、火星、木星、土星など）を表示します。 |
| ⑦ 経路表示 | ③で選んだ惑星の経路を表示します。表示された経路をクリックすると、クリックした場所付近での惑星の情報を(C)へ表示します。 |
| ⑧ 日付変更ボタン | 1日後、1日前、5日後、5日前のいずれかへ日付を変更します。連続してクリックすると、アニメーションで惑星の動きを表示できます。 |

（2）結果が次のように表示されます。

| (A) 日の出時の位置／<br>(B) 日の入り時の位置 | 日の出時刻または日の入り時刻に、水星または金星が見える位置を表示します。経路や他の惑星の位置を表示することもできます。 |
|---|---|
| (C) 内惑星の情報 | 設定した惑星の出没時刻をはじめ、見える方位と高度、明るさ、大きさなどの情報を表示します。満ち欠けの様子も図示します。 |

# あとがき

　本文の中でも少し書いたように、中野主一さんが書かれた『マイコンが解く天体の謎』という本に出会ったのは、今から15年前のことで、つるちゃんの学生時代だった。この本では、天文シミュレーションをするためのソフトが紹介されていて、それを実行すると、星座や惑星の位置が、正確にディスプレイへ描き出されるのだ。これを見た瞬間に、「すごい！」と思った。パソコンを使うと、家に居ながらにしてプラネタリウムを体験できる。本に載せられた天文シミュレーションの画像を見つめながら、大胆にも「いつの日か、この本にあるような天文シミュレーションソフトを作りたい」と思うようになった。

　天文シミュレーションソフト。この言葉を聞くと、「カッコいいけど、すごく難しそう……」と思う人も多いだろう。すぐに天文計算という言葉が頭をよぎるから。試しに、天文計算の参考書のページをめくってみると、数式がたくさん並んでいて、「アカン、アカン、手に負えんわ」とあきらめてしまうかもしれない。無理もない。普段の生活では、スーパーのレジでお釣りをもらう時に「100円足らんでぇ」と文句が言えるだけの計算ができれば、それで十分なのだから。
　しかし、一般に難しいと思われている天文計算だけど、数式をよく見てみると、実はそのほとんどが高校の数学の範囲で十分にわかるものばかり。それがたくさん並んでいるから「難しそうだ」と思ってしまうだけなのだ。もちろん、つるちゃんのような素人が扱う範囲では、という前提つきだけど。そんなわけで、ちょっとその気になりさえすれば、天文計算は多くの人が理解できるものだと思う。
　それからもう一つ、天文シミュレーションをするためには、パソコンによるプログラミングも必要だ。初めはプログラミングと聞いただけでビビッてしまうかもしれないけど、実際に始めてみると、これが案外面白い。普段はパソコンに操られて憂き目に会うことが多いのに、今度は立場が逆転して、パソコンを操

ることができて気分がいい。自分の思い通りにパソコンが動いてくれたら、どんなに楽しいことか。

　中野主一さんの本から15年。つるちゃんは、軌道計算の世界的オーソリティともいえる中野主一さんの足元にも及ばないけど、ひとつの天文シミュレーションソフトとホームページを完成した。その名も「つるちゃんのプラネタリウム」。そして、「つるちゃんのプラネタリウム」を作るために、実際にやってきたことを体験談としてまとめたのがこの本だ。だから、いわゆる天文計算の参考書とは違うし、プログラムの解説本とも違う。この本は、天文シミュレーションソフトやホームページを作るために何をどう進めるのか、その概要がわかる本だ。本の中では、実際に行った作業の具体例や、ポイントとなりそうな考え方や、頭を悩ませた問題点などを中心に本文を書いた。

　また、本文を読んだだけではわからないと思う部分は、解説用の表や図を挿入した。つるちゃんなりの進め方を書いたけれども、そこは素人の考えたこと。つるちゃんのやり方がベストだとは思わないし、改良できる点もたくさんあることだろう。説明の中にはちょっと難しいかなと思われる部分も含まれているが、たとえ読み飛ばしていただいたとしても差し支えない。つるちゃん流に言えば「細かい話はええんとちゃうか」ということになる（最後までいい加減なつるちゃんだ）。

　細かい話はともかく、プログラム作りやホームページ作りの雰囲気を味わっていただき、その楽しさや出来上がったときの感動を、少しでもお伝えすることができたとすれば、それこそがこの本の目的であり、つるちゃんも嬉しい。でも、それだけでは飽き足らずに、15年前につるちゃんが中野主一さんの本を手にした時のように、「よし、自分もやってみよう！」と思う人が現れて、第二のつるちゃんが誕生するとすれば、本当はそれが一番嬉しいかな。

2002年11月<br>
鶴浜義治（つるちゃん）

# 索 引

## 【あ 行】

明るさ(星の)　22
アプレット　73
天の川　41
異常系テスト(意地悪テスト)　52, 53
位置(星の)　22
イベント　38
　——処理　82
　——通知　39
引数(パラメータ)　19
インスタンス　78
エラーメッセージ　25
オブジェクト　76
　——指向　78
　——指向言語　75-77
オリオン座　34

## 【か 行】

開発ツール　76
過去・未来モード　57, 58
火星
　——から見た星座　68
　——の経路　66
画像
　——サイズ　117
　——の挿入　106
壁紙　102
観測ガイド　98
観測地の変更　36
簡単プラネタリウム　23, 31, 76
基準線　46
基礎データ計算　29
金星の満ち欠け　69
クラス　75, 76, 82
　——の実体　78
結合試験　52
月食　48
月齢カレンダー　69, 81
恒星
　——の固有運動　57, 58
　——のデータ　69
固有運動
　恒星の——　57, 58

——量　22
コンパイラ　79, 81
コンパイル　25, 79, 81
　内部——エラー　80
コンボボックス(VBの)　37

## 【さ 行】

歳差運動　57, 58
探そう目印／惑星／星雲・星団　111
座標変換(プラネタリウムへの)　33
次回検索ボタン　49
次回の日食検索　50
時間の変更　36
四季の星座　98, 107, 108
しし座流星群　67
自転軸(地球の)　58
自転周期(惑星の)　59
周期彗星　60
重星データ　22
出没時刻計算　54
小惑星
　——データ　61
　——の経路　68
　——モード　60
食現象　48
　——スライドショー　49
処理の独立性　78
スクリプト言語　119, 121
スペクトル型　22
星座
　——絵　41
　四季の——　98, 107, 108
　将来の——　109
　他の惑星から見た——　109
　——の解説　97
　——の境界線　48
　——の線　41
　——の線データ　39, 40
　——名　41
正常系テスト　52
星食　48
星図形式　46
　——プラネタリウム　44

——索引——　139

星名　22, 41
赤緯　21
赤経　21
絶対等級　22
全球プラネタリウム　23, 42, 44
全体表示プラネタリウム　43, 45
総合試験　52
操作事例集　62-64
素材集　102, 113

【た　行】

ターゲット　96, 97
大三角形　41
タイトル(ホームページの)　102
太陽系深宇宙　60
ダウンロード
　――時間　81
　――とご購入　98
タグ　99
単体試験　52
チェックボックス(VBの)　37
地平線方向拡大　45, 46
地方恒星時　29
つるちゃんの紹介　98
つるちゃんのプラネタリウム
　　　　116, 117, 119, 120, 123
つるちゃんのプラネタリウム for Javaアプレット
　　　　90, 96, 98, 115, 123
つるちゃんのプラネタリウム for Windows
　　　　65, 72, 115, 123
つるぷら　111
つるぷら作成奮闘記　103, 114
テキストボックス(VBの)　37
テスト　49-52
　意地悪――　52, 53
　通常の――　52
　――パターン　50, 51
手続き型言語　75, 77
天頂方向拡大　46, 47
点滅バナー　118
天文シミュレーション　13, 91, 97, 127
天文マニア　97
天文用語
　――解説　103-105, 107
　――集　97
　――ミニ解説　98, 102
トップページ　115, 116

【な　行】

内部コンパイルエラー　80
日面通過　49

日食　49
　次回の――検索　50
年周視差　22

【は　行】

背景画像　117
配列　28, 39, 40
バグ　25, 52, 55, 56
バックアップ　87, 88
ハレー彗星　109, 110
半球プラネタリウム　42-44
万能プラネタリウム　81-83, 91, 92
ピクチャボックス(VBの)　37
日付の変更　36
ファンクション(関数)　19
フォーム　19, 20
ふたご座流星群　63
ブックマーク　96
ブラックボックス化　78
プラネタリウム
　簡単――　23, 31, 76
　星図形式――　44
　全球――　23, 42, 44
　全体表示――　43, 45
　つるちゃんの――
　　　　116, 117, 119, 120, 123
　つるちゃんの―― for Javaアプレット
　　　　90, 96, 98, 115, 123
　つるちゃんの―― for Windows
　　　　65, 72, 115, 123
　半球――　42-44
　万能――　81-83, 91, 92
ブレークポイント　54, 55
プログラミング　74
　――言語　18, 19, 72
プログラム
　――開発の流れ　51
　――の関数化　33
プロシージャ(手続き)　19
フロッピーディスク　89
プロバイダ　123
プロパティ　37, 38
ベガ　66
別の恒星モード　58
別の惑星モード　59
ヘルプ機能　62, 65
変光星データ　22
変数の概念　26
ホームページ　96
　――アドレス　124
　――作成ソフト　99-102, 112, 113

──登録　123
　　──・ビルダー　101
星空ウォッチングを始めよう　98, 111
星データ　16, 17, 22, 31
　　──の加工　32
星の表示　28
ボタン(メニューの)　117
ボタン(VBの)　37
ボタン(Javaアプレットでの)　83

## 【ま　行】

マニュアル　62
珍しい天文現象　98, 109, 110
モード　57
　　過去・未来──　57, 58
　　小惑星──　60
　　別の恒星──　58
　　別の惑星──　59
木星　126

## 【や　行】

ユリウス日　29

## 【ら　行】

ラジオボタン(VBの)　37
ラベル(VBの)　37
リストボックス(VBの)　37
流星群　105
リンク　103
　　──集　98

## 【わ　行】

惑星　41
　　──集　63, 109, 110
　　──の経路　81, 90-92
　　──の自転周期　59
　　──の満ち欠け　93

## 【欧　文】

Active X　73
BASIC　19
C　18, 73
C++　18, 73
COBOL　18
FTP　123, 124
HTML　98, 100
　　──タグ　99
　　──文　99
Java　18, 73-75, 77, 79, 80
Javaアプレット　73, 75
JavaScript　119, 121
JDK(Java Development Kit)　76, 81
J++　18, 76, 81
M57　126
Microsoft Visual Basic　76
Microsoft Visual J++　76
Perl　18
Visual Basic(VB)
　　　　　　　18, 19, 20, 27, 73, 75, 77

天文シミュレーションソフト
## つるちゃんのプラネタリウム
プログラム作りからホームページ公開まで
The Story of Turuchan's Planetarium Software

---

2003年2月10日 初版第1刷

著 者　鶴浜義治
発行者　上條　宰
発行所　株式会社 地人書館
〒162-0835 東京都新宿区中町15
TEL 03-3235-4422　FAX 03-3235-8984
URL http://www.chijinshokan.co.jp
E-mail chijinshokan@nifty.com
郵便振替口座　00160-6-1532
編集制作　石田　智
印刷所　平河工業社
製本所　イマヰ製本

© Yoshiharu Turuhama 2003. Printed in Japan.
ISBN4-8052-0721-3　C3044

---

JCLS 〈㈱日本著作出版権管理システム委託出版物〉
本書の無断複写は著作権法上での例外を除き禁じられています。複写される場合は、そのつど事前に㈱日本著作出版権管理システム（電話 03-3817-5670, FAX 03-3815-8199）の許諾を得てください。

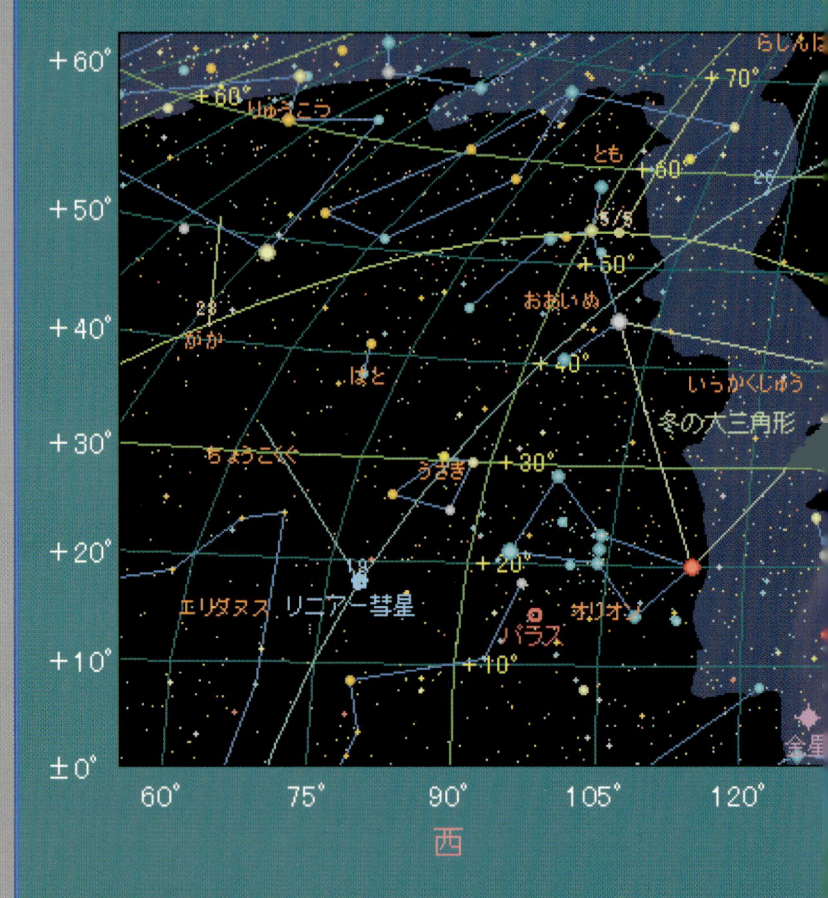

「つるちゃんのプラネタリウム」画面の例（地平座標） 南半球のオー